神东矿区岩石物理力学性质

李化敏　李回贵　Syd S. Peng　杜　锋　梁亚飞　著

科学出版社

北京

内 容 简 介

本书选择神东矿区的大柳塔、补连塔和布尔台 3 个有代表性的试验矿井，在每个矿井中施工试验钻孔，采集从地表至煤层的所有岩心，并在每层岩层中选择 3 个样品，按照《煤和岩石物理力学性质测定方法第 7 部分：单轴抗压强度测定及软化系数计算方法》(GB/T 23561.7—2009) 和《煤和岩石物理力学性质测定方法第 9 部分：煤和岩石三轴强度及变形参数测定方法》(GB/T 23561.9—2009) 对 11 种基本岩石物理力学性质进行了室内测试，共计测试样品超过 3000 组。为了方便读者查阅相关原始数据，每一岩层的密度、孔隙率、波速、矿物成分、颗粒粒径分析、单轴抗压强度、弹性模量、抗拉强度等岩石物理力学性质分别用表和图列出。

本书可供从事相关矿区的煤矿开采、岩层控制等科研人员和煤矿设计、生产、管理等工程技术人员参考，也可供高等院校采矿工程专业教师、研究生进行模拟试验研究时参考。

图书在版编目(CIP)数据

神东矿区岩石物理力学性质 / 李化敏等著. —北京：科学出版社，2018.10
ISBN 978-7-03-059088-6

Ⅰ. ①神…　Ⅱ. ①李…　Ⅲ. ①岩石力学–物理力学–研究–内蒙古
Ⅳ. ①TU452

中国版本图书馆CIP数据核字(2018)第231048号

责任编辑：李　雪　崔元春 / 责任校对：彭　涛
责任印制：张　伟 / 封面设计：无极书装

科 学 出 版 社 出版
北京东黄城根北街 16 号
邮政编码：100717
http://www.sciencep.com

北京教图印刷有限公司 印刷
科学出版社发行　各地新华书店经销

*

2018 年 10 月第 一 版　开本：720×1000 1/16
2018 年 10 月第一次印刷　印张：13
字数：267 000
定价：110.00 元
（如有印装质量问题，我社负责调换）

本 书 导 读

    煤系地层的基本岩石物理力学性质是一切岩层控制技术和设计的基础，特别是当研究人员采用相似材料模拟试验和数值模拟试验等方法进行岩层控制问题研究工作的时候。采用这些方法时，需要抗压强度、抗拉强度、弹性模量和泊松比等基本岩石力学参数。为了获得这些参数，通常的方法是从矿井或者钻孔中采集岩心，然后在实验室中进行相关试验。由于煤系地层的沉积作用，同一岩性的岩层可能会在不同的沉积时期或埋深重复出现多次。通常在进行相似材料模拟试验或者数值模拟试验时，对于不同埋深的同一岩性的岩层，往往赋予相同的岩石力学参数。根据此观念，实验室试验过程中，通常会对不同埋深的同一岩性的岩层进行采集和测试，然后对测试结果取平均值。这种方法得到的岩石物理力学参数的最大值和最小值之间往往差别很大，甚至达到 10 倍的差距。此时，采用取平均值作为岩层控制设计的依据是否合适？像抗压强度这样的岩石力学参数，在同一岩性的岩层之间差别如此之大，若采用取平均值是否会造成大的工程问题（如过度设计或者不足）？围绕这些问题，本书研究了不同条件下岩石物理力学性质之间的差异性，并简要地分析了其产生的内在原因。

    本书，选择了神东矿区的 3 个试验矿井，并在每个试验矿井中布置了试验钻孔，采集从地表至煤层的所有岩心，并在每层岩层中选择了 3 个样品，按照《煤和岩石物理力学性质测定方法第 7 部分：单轴抗压强度测定及软化系数计算方法》（GB/T 23561.7—2009）和《煤和岩石物理力学性质测定方法第 9 部分：煤和岩石三轴强度及变形参数测定方法》（GB/T 23561.9—2009）对 11 种基本岩石物理力学性质进行了室内测试工作，共计对超过 3000 组样品进行了测试。

    为了方便读者查阅相关原始数据，每一岩层的密度、孔隙率、波速、矿物成分、颗粒粒径分析、抗压强度、弹性模量、抗拉强度等岩石物理力学性质分别在表 4-1～表 4-8、表 5-1～表 5-12 和图 5-7～图 5-12 列出。

    在同一个钻孔中，除去一些异常值，同一岩层的 3 个样品之间及不同埋深的同一岩性的样品之间的密度、孔隙度和波速等岩石物理性质差别很小。

    而对于岩石力学性质，如抗压强度、弹性模量和抗拉强度，同一岩层的 3 个样品之间数值差异很小。但对于同一岩性的岩层在不同埋深条件下，它们的岩石力学性质差别很大，如布尔台煤矿细砂岩在埋深为 109.32m 时的抗压强度为 10.06MPa，而埋深为 427m 时的抗压强度为 43MPa，其单轴抗压强度增加了 3.3 倍。总体来看，岩石的抗压强度、弹性模量和抗拉强度随着埋深的增加，大部分呈现出线性增加的趋势。因此，很多研究者或者从业者在采用相似材料模拟和数值模拟等方法研究岩层控制设计的时候，将不同埋深的同一岩性的岩层的岩石力学性质取相同数值的做法是不合理的，应逐层赋值。

　　研究结果同时也表明 3 个试验矿井的岩石力学性质也有很大不同。因此，除了埋深之外，岩石物理力学性质也与矿井所处的沉积环境有着很大的关系。如果矿井所处的沉积环境不同，一个矿井(甚至一个长壁工作面)的岩石力学性质可能不适用于邻近矿井(邻近长壁工作面)。当然，本书关于鄂尔多斯煤田的岩石物理力学性质的测试结果是非常可靠的。至于其他煤田，如果读者在时间和经费预算限制条件下，不能进行现场取心测试时，可以将本书的测试结果作为一个参考依据。

　　通过研究也可发现，砂岩的单轴抗压强度和抗拉强度的大小与岩石颗粒粒径成反比，如粉砂岩＞细粒砂岩＞中粒砂岩＞粗粒砂岩＞含砾砂岩，尽管在某些情况下，这种数值的差异很微小，但基本符合这种规律。值得注意的是，大多数情况下，该地区砂质泥岩和泥岩的抗压强度比粗粒砂岩和含砾砂岩要高。

Summary

Rock mechanics properties of coal measure strata are the fundamental properties required for all ground control design and techniques, especially when similar-material and numerical modeling, that in recent years are commonly employed by researchers as well as practitioners for ground control problem solving, are used. In these methods, the basic rock properties such as uniaxial compressive strength, tensile strength, Young's Modulus and poisson's ratio are required. To obtain these properties, the normal way is to obtain rock/coal samples from the mines or boreholes within the mine property of interest and determine them in the laboratory. Since coal measure strata are cyclic or repeated in the deposition history, a rock type is repeated to form different layers at different deposition period or elevation. The most common method is to treat the same rock type of different elevation (or deposition period) having the same rock properties in the modeling. In this approach, coal/rock samples of the same type from different elevation are collected and tested in the laboratory. The results are averaged as the properties for that rock type. The properties obtained this way frequently vary considerably with the maximum value up to 10 times of the minimum value. Under such condition, is it appropriate to adopt the "average" value approach for ground control design? Where rock properties such as UCS for a rock type vary so much as to cause the use of average value subjected to large errors (in this case, the probability of greatly under-design or over-design is more likely)? This project was designed to investigate the cause for why those properties vary considerably.

In this project we selected three coal mines in the Ordos Coalfield, drilled a borehole in each mine and obtain coal/rock cores from surface all the way to the coal seam being mined. Three test samples were selected from each rock layer, prepared and tested in the laboratory following the *Methods for Determining the Physical and Mechanical Properties of Coal and Rock* (GB/T 23561—2009) Standards for eleven basic physical and rock mechanic properties. A total of more than 3000 sample tests were performed.

For ease of review and application, the raw data of test results for density, porosity, ultrasonic velocity, mineral composition and particle size, uniaxial compressive strength, Young's Modulus, Brazilian tensile strength for each rock stratum layer, when samples are available, are presented in Tables 4-1 to 4-8 and Tables 5-1 to 5-12, and Figures. 5-7 to 5-12.

For physical properties such as density, porosity and ultrasonic velocity, its values vary within a small range among the three samples of each layer for each rock types and among samples of sample rock type at various depth of the same borehole, except a few outliers.

For rock mechanics properties such as UCS, Young's Modulus, and Brazilian tensile strength, it also varies within a small range among the three samples of each rock layer. However, for samples of the same rock type at different depth, its values vary considerably. For instance for fine sandstone in Buertai Mine its UCS is 10.06 MPa at 109.32m deep and increases to 43MPa at 427m deep, a 3.3 folds difference. Overall, UCS, Young's Modulus and Brazilian tensile strength increase with depth, mostly linearly. Therefore, it can be stated that it is absolutely not appropriate to assume all layers of a rock type located various depths in the same borehole are the same in terms of rock mechanics properties, as most researchers and practitioners has commonly done for physical and numerical modeling or ground control design. Rather, they should be treated layer by layer.

The results also show that rock mechanics properties are different among the three mines investigated. Therefore, in addition to depth, rock mechanics properties also vary with mine site due to different rock formation deposition environment. Therefore, the rock mechanics properties determined for one mine site (or even one longwall panel) may not be applicable to the adjacent mine (or adjacent longwall panel) if the deposition environments are different. However, it is believed that the rock mechanics properties presented in this book are representatives for the Ordos coalfield and are a frame of reference for other coalfields if time and budget do not allow for extensive tests as performed in this project.

As expected for sandstone, its UCS and Brazilian tensile strength are inversely proportional to particle size, i.e. powdered sandstone > fine-grained sandstone > medium-grained sandstone > coarse-grained sandstone > gravel sandstone, although the difference may be quite small in some cases. It is interesting to note that sandy claystone and claystone are in most cases stronger than coarse-grained and gravel-sandstone.

读者使用本书的推荐方法

(1)通过图 3-7(P26 页)可以查看感兴趣岩层的岩性及其埋深。

(2)通过下列各表查看感兴趣的不同岩性、埋深下岩石的物理力学性质的原始测试数据：

①表 4-1、表 4-2 和表 4-3 分别为不同矿井各岩层的密度值(分别在 29 页、30 页和 34 页)；

②表 4-4、表 4-5 和表 4-6 分别为不同矿井各岩层的波速值(分别在 40 页、41 页和 45 页)；

③表 4-7 和表 4-8 分别为不同矿井各岩层的孔隙率值(分别在 50 页和 51 页)；

④表 5-1、表 5-2 和表 5-3 分别为不同矿井各岩层的抗压强度值(分别在 71 页、75 页和 86 页)；

⑤表 5-4、表 5-5 和表 5-6 分别为不同矿井各岩层的弹性模量值(分别在 102 页、103 页和 107 页)；

⑥表 5-7、表 5-8 和表 5-9 分别为不同矿井各岩层的抗拉强度值(分别在 114 页、115 页和 118 页)；

⑦表 5-10、表 5-11 和表 5-12 分别为不同矿井各岩层的三轴抗压强度值(分别在 124 页、127 页、136 页)。

Recommended method for Researchers and practitioners for use of this book

1. Check Figure3-7 (p.26) for rock layer of interest in terms of rock type and approximate depth.

2. Look for following raw data of interest for the rock type and depth of interest.

①Table 4-1, Table 4-2, and Table 4-3 for Density on p. 29, 30, and 34, respectively;

②Table 4-4, Table 4-5, and Table 4-6 for Ultrasonic Velocity on p. 40, 41, and 45, respectively;

③Table 4-7 and Table 4-8 for Porosity on p. 50 and 51, respectively;

④Table 5-1, Table 5-2, and Table 5-3 for Uniaxial Compressive Strength (UCS), on p. 71, 75, and 86, respectively;

⑤Table 5-4, Table 5-5, and Table 5-6 for Young's Modulus on p.102, 103, and 107, respectively;

⑥Table 5-7, Table 5-8, and Table 5-9 for Brazilian Tensile Strength on p. 114, 115, and 118, respectively;

⑦Table 5-10, Table 5-11, and Table 5-12 for Triaxial Compressive Strenth on p. 124, 127, and 136, respectively.

前　言

　　以鄂尔多斯、榆林为代表的西北地区煤炭资源储量丰富，煤层赋存稳定、开采条件优越，近年来，国家煤炭开发战略性西移，建成了以神华集团为代表的一大批具有世界领先水平的大型现代化煤矿企业，其开采装备和开采技术先进，形成了大规模、高强度的开发格局。然而，该地区煤层属浅埋或近浅埋，具有煤层厚度大、覆岩胶结程度低、易风化、易崩解、孔隙率高等特殊的煤岩物理力学特性，以及现代化高强度开采形成的高采动应力，导致矿压显现剧烈，覆岩运动常呈现切落特征，采场动力灾害事故时有发生。开采过程中现场工程技术人员和科研人员根据出现的新问题，不断探索新理论、新技术和新方法。特别是最近十多年来，神东矿区在岩层控制方面开展了大量的研究工作，对采动覆岩运动规律的认识逐步深入，取得了很大进展。但总体上仍然处在"试误岩层控制"阶段，即通过试探性技术或方法，如不断改进采掘部署、支架结构和工作阻力等参数，以及其他技术或工程措施，试图达到安全、高效和经济等目标，在有些条件下取得了很好的效果，而在有些条件下效果并不十分理想，那么原因是什么呢？能否在此基础上有一些新的认识和新的改进呢？岩石物理力学性质的准确试验研究就是其中一个十分重要的内容。

　　从 2013 年开始，在国家自然科学基金煤炭联合基金重点项目"浅埋薄基岩大开采空间顶板动力灾害预测与控制"（编号 U1261207）和神东煤炭集团"神东矿区大采高综采覆岩移动规律及顶板控制研究"项目的支持下，项目组系统地对神东矿区进行了较大范围的调研，搜集整理了前人在神东矿区和准格尔矿区岩层控制方面已取得的主要成果，项目成员包括 Syd S.Peng 等。在此基础上，选择了大柳塔、补连塔和布尔台 3 个煤矿中有代表性的 3 种不同条件下的工作面进行了采场矿压观测、地面深基点覆岩运动观测和地表岩移观测等综合观测研究，其中分别在大柳塔、补连塔和布尔台 3 个煤矿对应工作面上方的地面向煤层顶板打了 3 个试验钻孔，全地层取岩心，大柳塔煤矿钻孔取心 197.82m，补连塔煤矿钻孔取心 108.10m，布尔台煤矿钻孔取心 437.62m，对试验钻孔柱状地层进行精确描述，并按照《煤和岩石物理力学性质测定方法第 7 部分：单轴抗压强度测定及软化系数计算方法》（GB/T 23561.7—2009）和《煤和岩石物理力学性质测定方法第 9 部分：煤和岩石三轴强度及变形参数测定方法》（GB/T 23561.9—2009），将岩心全部加工制成标准试样，共 3000 多块，对其岩石物理力学参数进行了系统全面的测试，主要包括矿物成分、微观结构、孔隙率、密度、波速、抗拉强度(间接拉伸)、抗压强度、弹性模量、黏聚力、内摩擦角和RQD 值 11 项参数,建立了一个岩石物理力学参数数据库,为岩石物理力学性质研究提供了极其重要和详尽的基础资料。

在岩性试验数据的分析整理过程中,特别是在本书前期文献综述过程中,在查阅了大量相关文献后发现,大多数文献中采用的岩性数据的依据不够充分,包括数值模拟试验、相似模拟试验中采用的岩性数据来源不清,数据偏差较大,严重影响了试验结果的准确性和可靠性。更为重要的是,现场岩层控制方法的确定和岩层控制参数的计算也没有准确的岩性数据资料可供使用。煤层上方的覆岩是采矿岩层控制的对象,岩性好坏是影响岩层稳定的最重要和最基本的因素,因此,有必要将研究过程中获得的大量岩性试验数据整理成册,以供研究人员和现场工程技术人员在从事相关研究时查阅参考。

全书总共 6 章。第 1 章,介绍了本书中涉及的采样地点所在工作面(补连塔煤矿 22307 工作面、大柳塔煤矿 52307 工作面、布尔台煤矿 42105 综放工作面)的基本采矿地质条件,并对取心钻孔的基本情况进行了描述。第 2 章,详细阐述了本书岩石物理性质(矿物成分、微观结构、孔隙率、密度、波速、RQD 值)和力学性质(抗拉强度、抗压强度、三轴抗压强度)的测试要求和方法。第 3 章,简要概述了鄂尔多斯盆地煤系地层沉积环境,将 3 个矿井(补连塔煤矿、大柳塔煤矿、布尔台煤矿)的试验钻孔与其附近的原有煤层勘探钻孔的岩层分布情况进行了对比分析;详细阐述了试样现场采集与室内加工的具体过程及注意事项。第 4 章,通过图、表等形式,分别分析了 3 个试验钻孔岩石的密度、波速、孔隙率、微观结构和 RQD 值 5 种物理性质的变化规律,对同一埋深同一岩性分别取 3 组样品进行测试,分析不同沉积时期不同岩性的岩石物理性质的平均值、标准差、离散系数的变化。第 5 章,通过图、表等形式,分别分析了 3 个试验钻孔岩石的抗压强度、弹性模量、抗拉强度、三轴压缩强度、黏聚力和内摩擦角 6 种力学性质的变化规律,对同一埋深同一岩性分别取 3 组样品进行测试,分析不同沉积时期不同岩性的岩石力学性质的平均值的变化,同时列出了不同埋深岩石的压应力-应变曲线和拉应力-应变曲线。第 6 章,将 3 个试验矿井的试验钻孔岩石的物理力学性质进行汇总,综合分析密度、抗压强度、抗拉强度等随着埋深、沉积时期的变化规律,对同一岩性在不同埋深的变化规律也进行了研究。

岩块的物理力学性质与岩体的物理力学性质有较大差异,如何建立岩块的物理力学性质与岩体的物理力学性质之间的关系,进一步揭示覆岩性质与岩层运动、矿压显现的关系,是科学合理地利用本书解决采矿技术及工程问题的目标。

本书所涉及的内容,除了已署名的作者之外,项目组中陈江峰教授、袁瑞甫教授、宋常胜副教授,以及王开林、蒋东杰、冯军发等多名研究生对现场取心、实验室试验及数据分析等做出了不同程度的贡献，神华神东煤炭集团有限责任公司（简称神东公司）副总经理、总工程师、教授级高级工程师杨俊哲，神东公司副总工程师、教授级高级工程师贺安民，神东公司技术研究院科研主管、教授级高级工程师宋桂军，神东公司生产技术部主任周海峰及大柳塔煤矿总工程师陈苏社等在现场试验等方面给予了大力的支持和帮助，在此表示衷心的感谢。

　　由于时间和水平有限，书中难免有不妥之处，恳请大家批评与指导。

作　者

2018 年 6 月 16 日

目　录

图 目 录

表 目 录

第1章 研究区域采矿条件

神东煤炭集团有限责任公司(简称神东煤炭集团)位于陕西省榆林市神木县大柳塔镇,与内蒙古自治区伊金霍洛旗上湾镇相邻。2009 年 5 月 20 日,神东煤炭公司、神东煤炭分公司、金峰分公司、万利分公司合并后成立神东煤炭集团。神东矿区是神府东胜矿区的简称,具体含义指陕西省神木县、府谷县、内蒙古自治区东胜区(现鄂尔多斯市)所辖的煤田范围,现为我国最大的井工煤矿开采地,其中神东煤炭集团布尔台煤矿年产原煤 2000 万 t,是世界第一大井工煤矿。

1.1 试验矿井概况

本书所用到的试样主要涉及大柳塔煤矿、补连塔煤矿、布尔台煤矿 3 个矿井。下面分别对各矿井做简单介绍。

大柳塔煤矿是神东煤炭集团所属的年产原煤 2000 万 t 的特大型现代化高产高效矿井,是神东煤炭集团最早建成的井工煤矿,位于陕西省神木县境内,由大柳塔井和活鸡兔井组成,两井拥有井田面积 189.9km²,煤炭地质储量 23.2 亿 t,可采储量 15.3 亿 t,其中,大柳塔井主采 1-2 煤、2-2 煤、5-2 煤。

补连塔煤矿位于内蒙古自治区鄂尔多斯市境内,以乌兰木伦河为界,与大柳塔煤矿相邻。目前矿井主采 1-2 煤、2-2 煤。

布尔台煤矿位于内蒙古自治区鄂尔多斯市伊金霍洛旗乌兰木伦镇,与寸草塔一矿和寸草塔二矿相邻,井田面积 192.6km²,可采储量 20 亿 t。布尔台煤矿于 2008 年 7 月投产,2011 年开始试运转。矿井采用斜井—平硐-立井综合开拓方式,分 3 个水平开采,共 21 个盘区。矿井设计生产能力 2000 万 t/a 原煤,服务年限 71.9 年。

1.2 试验钻孔位置

根据现场实际条件,分别在大柳塔煤矿 52307 工作面、补连塔煤矿 22307 工作面、布尔台煤矿 42105 综放工作面布置岩石物理力学试验钻孔,编号分别为 SJ-1 钻孔、SJ-2 钻孔和 SJ-3 钻孔。

1.2.1 大柳塔煤矿试验钻孔(SJ-1 钻孔)

大柳塔煤矿 52307 工作面位于 5-2 煤三盘区,煤层倾角 1°～3°,走向长度 4462.6m,倾向长度 301m,按煤层走向方向回采。工作面开采 5-2 煤,煤层厚度为 7.1～7.4m,

平均厚度为 7.2m。

　　大柳塔煤矿 52307 工作面上覆地表地形较为复杂，故选择地表相对平坦处布置试验钻孔(SJ-1 钻孔)，钻孔的相对位置关系如图 1-1 所示。

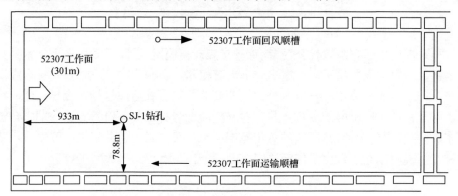

图 1-1　　大柳塔煤矿试验钻孔(SJ-1 钻孔)平面位置

1.2.2　　补连塔煤矿试验钻孔(SJ-2 钻孔)

　　补连塔煤矿 22307 工作面位于 22 煤三盘区，工作面走向长度 4954m，倾向长度 301m，设计采高 6.8m，煤层倾角 1°～3°。22307 工作面上部为 1-2 煤，两煤层间距为 30～40m。工作面从切眼推进至 4413m 上部为 1-2 煤采空区，之后工作面推进至 1-2 煤遗留煤柱下开采，遗留煤柱区域煤层埋深约 91.9m，其中松散层厚度为 6.42m，基岩厚度为 85.48m。

　　为了能够研究完整地层的岩石物理力学性质变化规律，将试验钻孔(SJ-2 钻孔)布置在 12308 工作面主副回撤通道煤柱Ⅰ中，距离 22307 工作面回风顺槽 93.7m，距离煤柱Ⅰ边界 7m。深基点钻孔平面布置相对位置如图 1-2 所示。

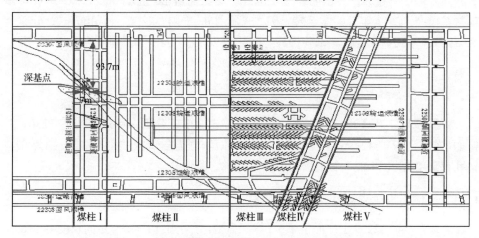

图 1-2　　补连塔煤矿试验钻孔(SJ-2 钻孔)平面位置

1.2.3　布尔台煤矿试验钻孔(SJ-3 钻孔)

布尔台煤矿 42105 综放工作面位于 4-2 煤一盘区，煤层倾角 1°～9°，平均倾角 5°，走向长度 5231m，倾向长度 230m，煤层厚度为 5.9～7.3m，平均厚度为 6.7m，工作面所采 4-2 煤煤层埋深 310.1～452.1m，其中上覆松散层厚度为 7.8～25.8m，上覆基岩厚度为 224～372m。42105 综放工作面与上覆 2-2 煤间距为 43～73m，上覆 2-2$^\perp$煤工作面已经回采完毕。

由于布尔台煤矿 42105 综放工作面上覆 2-2$^\perp$煤已经开采完毕，在布置试验钻孔时，需要下穿 2-2$^\perp$煤采空区，工程难度较大，原设计试验钻孔(SJ-3 钻孔)最终由于多种原因，在下穿 2-2$^\perp$煤底板过程中塌孔，最终报废，后续又相继布置了 SJ-3-1 钻孔和 SJ-3-2 钻孔，布尔台煤矿试验钻孔的柱状图由 SJ-3-1 钻孔和 SJ-3-2 钻孔合成而来，3 个钻孔的相对位置关系如图 1-3 所示。

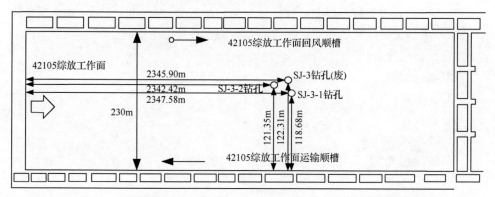

图 1-3　布尔台煤矿试验钻孔(SJ-3-1 钻孔、SJ-3-2 钻孔)平面位置

第 2 章　实验内容及方法

　　神东矿区岩石的沉积环境/沉积时期与其他地区有很大差异，特别是中东部地区的岩石。神东矿区浅部地层岩石主要形成时期是白垩系、侏罗系安定组、侏罗系直罗组和侏罗系延安组(Peng 等，2015)。为了更好地研究神东矿区岩石物理力学性质，本章介绍实验的主要内容和实验方法。

2.1　实　验　内　容

　　岩石物理力学参数有很多，在国家自然科学基金(煤炭联合基金)重点项目的支持下，本书主要研究的神东矿区岩石物理力学性质如下所述：

　　(1)矿物成分。

　　(2)微观结构。

　　(3)孔隙率。

　　(4)密度。

　　(5)波速。

　　(6)抗拉强度。

　　(7)抗压强度。

　　(8)弹性模量。

　　(9)黏聚力。

　　(10)内摩擦角。

　　(11)岩石质量指标(rock quality designation, RQD)值。

2.2　煤岩物理性质的测试方法

2.2.1　岩石成分测试方法

1)实验要求

　　(1)试样形式：粉末状，颗粒直径小于 1mm，手触摸没有明显的颗粒感。

　　(2)对试样进行干燥处理。

　　(3)每组至少测试 1 个试样。

2）实验步骤

（1）设计实验记录表格。

（2）将粉末状试样放入载物台上。

（3）打开 X 射线测试仪进行测试。

（4）同时打开电脑记录测试到的波谱。

（5）对实验结果进行整理，精确到 0.01。

3）实验结果整理

岩石成分结果整理主要是运用 JADE6.0 软件对实验过程中测试的波谱进行分析，通过与标准的 PDF 卡片对比，分析岩石主要成分及含量。

2.2.2　岩石微观结构测试方法

1）实验要求

（1）试样形式：长度为 5mm、宽度为 5mm、高度为 5mm 的正方体。

（2）试样没有明显裂隙或者结构面。

（3）试样必须进行干燥处理。

（4）每组至少测试 1 个试样。

2）实验步骤

（1）设计实验记录表格。

（2）对试样进行喷金处理。

（3）将喷金处理过的试样放入载物台上。

（4）打开扫描电镜测试仪进行测试。

（5）实验结果整理。

3）实验结果整理

微观结构实验结果主要是观察对比分析不同放大倍数的照片，根据实验记录表格对实验照片进行编号保存。

2.2.3　岩石孔隙率测试方法

1）实验要求

（1）试样形式：直径为 50mm、高度为 50mm 或 100mm 的圆柱体。

（2）端面应垂直于试样轴线，最大偏差不大于 0.25°。

（3）试样无明显裂隙或者结构面。

（4）每组至少测试 3 个试样。

（5）每个试样进行真空水饱和。

2) 实验步骤(中华人民共和国国家质量监督检验检疫总局和中国国家标准化管理委员会，2009a)

(1) 设计实验记录表格。

(2) 测端面周边对称四点和中心点的 5 个高度值，精确至 0.01mm。

(3) 测试样两端和中间 3 个断面上相互垂直的 6 个直径，精确至 0.01mm。

(4) 用保鲜膜把饱水试样包裹起来。

(5) 用核磁共振测试仪测试其孔隙体积。

(6) 对实验结果进行整理，精确至 0.001。

3) 实验结果计算

岩石孔隙率是指岩石孔隙体积占自然状态下岩石总体积的百分比(蔡美峰，2002)。按式(2-1)计算：

$$P = 100\% \times \frac{V}{V_0} \tag{2-1}$$

式中，P 为孔隙率，%；V 为岩石孔隙体积，cm^3；V_0 为自然状态下岩石总体积，cm^3。

2.2.4 岩石密度测试方法

1) 实验要求

(1) 试样形式：直径为 50mm、高度为 100mm 的圆柱体。

(2) 端面应垂直于试样轴线，最大偏差不大于 0.25°。

(3) 每组试样个数不少于 3 个。待测试的部分试样如图 2-1 所示。

图 2-1 待测试的部分试样

2) 实验步骤

(1) 加工标准试样，设计实验记录表格。

(2) 测试样两端和中间 3 个断面上相互垂直的 6 个直径，精确至 0.01mm。

(3) 测端面周边对称四点和中心点的 5 个高度值，精确至 0.01mm。

(4) 物理天平称量试样质量，精确至 0.1g。

(5)对实验结果进行整理，精确至 0.01(中华人民共和国国家质量监督检验检疫总局和中国国家标准化管理委员会，2009a)。

3)实验结果计算

岩石密度是指岩石单位体积的质量，分为颗粒密度和块体密度两种。本书主要测试其岩石密度(蔡美峰，2002)，按式(2-2)计算：

$$\rho = \frac{m}{V} \tag{2-2}$$

式中，ρ 为岩石密度，g/cm^3；m 为自然状态下试样质量，g；V 为自然状态下试样体积，cm^3。

2.2.5　岩石波速测试方法

1)实验要求

(1)试样形式：直径(边长)50mm、高度 50mm 或 100mm 左右的方柱体或圆柱体。

(2)端面垂直于试样轴线，最大偏差不大于 0.25°。

(3)试样无明显裂隙或结构面。

(4)每组至少测试 3 个试样。

2)实验步骤

(1)设计实验记录表格。

(2)测端面周边对称四点和中心点的 5 个高度值，精确至 0.01mm。

(3)在试样两端涂抹黄油。

(4)用超声波测试仪测量其时间，μs。

(5)对实验结果进行整理，精确至 1。

3)实验结果计算

岩石波速是指在岩石内部单位时间内波形传播的距离(徐珂，2014)。按式(2-3)计算：

$$C = \frac{L}{t} \tag{2-3}$$

式中，C 为岩石波速，m/s；L 为试样高度，m；t 为时间，s。

2.2.6　岩石 RQD 值测试方法

1)实验要求

(1)试样形式：岩心的直径大于 50mm。

(2)取心的时轻拿轻放，防止造成试样的人为断裂。

(3)测量每一段岩心的长度。

2)实验步骤

(1)设计实验记录表格。

(2)测试每一段岩心的长度，精确到 0.1cm。

(3)实验结果的整理。

3)实验结果计算

岩石 RQD 值是采用直径为 75mm 的金刚石钻头和双层岩心管在岩石中钻进，连续取心，每回次钻进所取岩心时，长度大于 10cm 的岩心段长度之和与该回次进尺的比值，用百分比表示(杜时贵等，2000)，按式(2-4)计算：

$$RQD = \frac{\sum_1^n N_i}{M} \tag{2-4}$$

式中，N_i 为某层岩石大于 10cm 的第 i 段岩心长度，m；n 为某层岩石大于 10cm 的岩心个数，个；M 为某层岩石厚度，m。

2.3 力学性质测试方法

2.3.1 抗拉强度测试

1)实验内容

岩石抗拉强度是指岩石受拉破坏时，受拉面上的极限拉应力值。其测定方法有很多，本书采用劈裂法(也称巴西试验法)测定规则岩石试样的间接拉伸强度。劈裂法测试时，把圆饼状岩石试样置于压力机承压板上的劈裂法专用弧形压模中，然后加压，使试样受力后沿直径方向裂开破坏，根据弹性理论求解抗拉强度(沈明荣和陈建峰，2006)。

2)试样制备

(1)试样规格(中华人民共和国国家质量监督检验检疫总局和中国国家标准化管理委员会，2009a)：试样为圆饼形，直径为 50mm，厚度为 25mm，试样厚度允许变化范围不超过 20%，直径允许变化范围不超过 1%，部分试样如图 2-2 所示。

(2)试样数量：每组试样数量依实际情况而定，一般至少制备 5 个试样，如果试样受加工条件限制，至少每组加工 3 个试样，取其平均值作为间接拉伸强度。

(3)试样加工精度：圆柱表面上无明显的刀痕。试样端面磨平度小于 0.25mm，轴线垂直度不超过 0.25°，厚度方向不平度小于 0.025mm。

图 2-2　抗拉试验标准试样

(4)试样含水状态：试样保存期不超过 30 天，尽可能保持天然含水量。

3)实验步骤

(1)通过试样直径的两端，沿轴线方向划两条互相平行的加载基线，固定在试样两端。

(2)将试样置于试验机承压板中心，调整球形座，使试样均匀受荷载。

(3)以竖向位移 0.005mm/s 的速度加载直至试样破坏。

(4)记录破坏荷载及加荷载过程中出现的现象，并对破坏后的试样进行描述。

4)实验数据整理

按式(2-5)计算岩石抗拉强度：

$$\sigma_t = \frac{2P_c}{\pi Dh} \tag{2-5}$$

式中，σ_t 为岩石抗拉强度，MPa；P_c 为试样破坏荷载，N；D 为试样直径，mm；h 为试样厚度，mm。

2.3.2　单轴压缩参数测试

1)实验内容

(1)以岩石单轴受压至破坏时的最大压应力值作为单轴抗压强度，简称抗压强度，用 R 表示。本书采用直接压至破坏的标准岩石试样测定抗压强度。

(2)弹性模量 E 是指岩石试样在单轴压缩条件下轴向应力与轴向应变之比。

(3)泊松比 μ 是指在单轴压缩条件下横向应变与轴向应变之比，用抗压强度为 50%时的横向应变和轴向应变计算(蔡美峰，2002)。

2)试样制备(中华人民共和国国家质量监督检验检疫总局和中国国家标准化管理委员会，2009a)

(1)试样规格：采用圆柱体为标准试样，直径为 50mm，允许变化范围为 49～

51mm；高度为 100mm，允许变化范围为 95～102mm。

(2)试样数量：每组试样不少于 3 个，如果遇到泥岩或者弱胶结砂岩试样很难加工时，一组可以加工两个。

(3)试样加工精度：①沿试样整个高度上，直径差不超过 0.3mm；②两端面的平行度最大不超过 0.05mm；③端面应垂直于试样轴向，最大偏差不超过 0.25°；④试样表面应处理光滑。

(4)试样含水状态：试样保存期不超过 30 天，应尽可能使其保持天然含水量。

3)测定步骤

(1)安装轴向引伸计和径向引伸计，使引伸计各引脚接触试样表面。

(2)将试样置于实验机的承压板中心，调节球形支座，使试样受力均匀。

(3)以轴向变形 0.005mm/s 的速度加载，每秒采集 1 个数据。数据采集系统自动采集荷载和变形值，直至试样破坏。

(4)实验数据整理。

4)实验数据整理

(1)岩石抗压强度按式(2-6)计算：

$$R = \frac{P_c}{A} \tag{2-6}$$

式中，R 为岩石抗压强度，MPa；P_c 为试样破坏荷载，N；A 为试样面积，mm^2。

(2)岩石平均弹性模量按式(2-7)计算：

$$E_{av} = (\sigma_b - \sigma_a) / (\varepsilon_{lb} - \varepsilon_{la}) \tag{2-7}$$

式中，E_{av} 为岩石平均弹性模量，MPa；σ_a 为应力与纵向应变直线段起始点的应力值，MPa；σ_b 为应力与纵向应变直线段终点的应力值，MPa；ε_{lb} 为应力为 σ_b 时的纵向应变值；ε_{la} 为应力为 σ_a 时的纵向应变值。

(3)单轴压缩强度和弹性模量值取两位有效数字。

2.3.3　三轴压缩参数测试

1)实验内容

(1)岩石三轴受压至破坏时的最大压应力值称为三轴抗压强度。

(2)黏聚力是表征岩石内部相邻各部分之间相互吸引的分子力的大小。其方法是在 τ-σ 坐标图上绘制出莫尔应力圆，根据莫尔–库仑强度准则确定其黏聚力的参数值。

(3)测试不同种类岩石的内摩擦角(蔡美峰，2002)。

2)试样制备(中华人民共和国国家质量监督检验检疫总局和中国国家标准化管理委员会, 2009a)

(1)试样规格:采用圆柱体为标准试样,直径为 50mm,允许变化范围为 49~51mm;高度为 100mm,允许变化范围为 95~102mm。

(2)试样数量:每种情况下每组试样不少于 5 块,如果遇到泥岩或者弱胶结砂岩试样很难加工的,一组可以加工 3 个。

(3)试样加工精度:①沿试样整个高度上,直径差不超过 0.3mm;②两端面的平行度最大不超过 0.05mm;③端面应垂直于试样轴向,最大偏差不超过 0.25°;④试样表面应处理光滑。

(4)试样含水状态:试样保存期不超过 30 天,尽可能使其保持天然含水量。

3)实验步骤

(1)围压按等差级确定,分别为 5MPa、10MPa、15MPa、20MPa 和 25MPa。

(2)根据三轴试验机要求的方法安放试样。

(3)以 0.05MPa/s 的加载速度施加围压直至预定围压值,并使围压在实验过程中始终保持常数。

(4)以轴向变形 0.005mm/s 的速度加载,数据采集采用自动采集系统,采集荷载和变形值,直至试样破坏。

(5)对破坏后的试样进行描述,有完整的破坏面时,量测破坏面与最大主应力作用面之间的夹角。

4)实验数据整理

(1)不同侧压条件下的轴向应力按式(2-8)计算:

$$\sigma = P_c / A \tag{2-8}$$

式中,σ 为不同侧压条件下的轴向应力,MPa;P_c 为试样破坏荷载,N;A 为试样面积,mm^2。

(2)根据计算的轴向应力 σ 及施加的相应侧压力值,在 τ-σ 坐标图上绘制莫尔应力圆,根据莫尔–库仑强度准则,确定岩石三轴应力状态下的强度参数,具体如下。

黏聚力和内摩擦角是重要的岩石力学参数,是每个工程进行之前必须先研究的参数,为了确定这种不同结构面厚度砂岩的黏聚力和内摩擦角,采用常规三轴实验方法计算其参数。

根据库仑(Coulomb)提出的"摩擦"准则,岩石的破坏主要是剪切破坏,岩石的强度(抗摩擦强度)等于岩石本身抗摩擦的黏结力和剪切面法向力产生的摩擦力,如图 2-3 所示,其强度准则为

$$\tau = c + \sigma \tan \varphi \tag{2-9}$$

式中，τ 为抗摩擦强度；c 为黏聚力；σ 为法向正应力；φ 为内摩擦角。

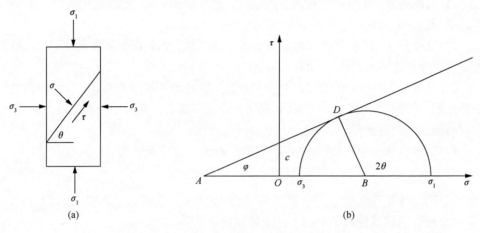

图 2-3　σ-τ 坐标下库仑准则

θ 为岩石发生破坏时的破断角，由图 2-3(b)可知，在极限平衡状态下，破断角与内摩擦角的关系如式(2-10)所示：

$$2\theta = \frac{\pi}{2} + \varphi \tag{2-10}$$

将式(2-10)化简可得 $\theta=45°+\varphi/2$ 时满足极限平衡状态，根据图 2-3(b)中的三角关系可知：

$$|BD| = \left(|AO| + |OB| \right) \sin \varphi \tag{2-11}$$

$$\frac{(\sigma_1 - \sigma_3)}{2} = \left[c \cot \varphi + \frac{(\sigma_1 + \sigma_3)}{2} \right] \sin \varphi \tag{2-12}$$

将式(2-12)化简可得

$$\sigma_1 = \frac{2c \cos \varphi}{1 - \sin \varphi} + \frac{1 - \sin \varphi}{1 + \sin \varphi} \sigma_3 \tag{2-13}$$

$$\frac{\cos \varphi}{1 - \sin \varphi} = \frac{\cos(2\theta - 90°)}{1 - \sin(2\theta - 90°)} = \frac{\sin 2\theta}{1 + \cos 2\theta} = \frac{2 \sin \theta \cos \theta}{2 \cos^2 \theta} = \tan \theta \tag{2-14}$$

$$\frac{1 - \sin \varphi}{1 + \sin \varphi} = \frac{1 - \sin(2\theta - 90°)}{1 + \sin(2\theta - 90°)} = \frac{1 - \cos 2\theta}{1 + \cos 2\theta} = \frac{2 \sin^2 \theta}{2 \cos^2 \theta} = \tan^2 \theta \tag{2-15}$$

将式(2-14)和式(2-15)代入式(2-13)中可以化简为

$$\sigma_1 = 2c\tan\theta + \tan^2\theta\sigma_3 \qquad (2\text{-}16)$$

式(2-16)的最大主应力(σ_1)、最小主应力(σ_3)和破断角给出了主应力库仑准则表达式(图 2-4)。

令

$$\begin{aligned} Q &= 2c\tan\theta \\ K &= \tan^2\theta \end{aligned} \qquad (2\text{-}17)$$

式中，Q 和 K 均为强度准则参数。

将式(2-17)代入式(2-16)中可以简化为

$$\sigma_1 = Q + K\sigma_3 \qquad (2\text{-}18)$$

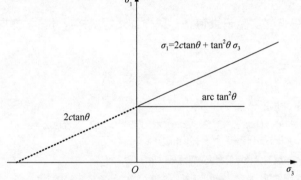

图 2-4 σ_1-σ_3 坐标下库仑准则

在三轴压缩时分别测得 5 个不同围压(σ_3)(尤明庆，2007)所得到的最大主应力 σ_1 值，然后画散点图，采用线性拟合方法对其进行拟合。具体如下所述。

令 σ_3 为自变量，σ_1 为因变量。通过实验所测得的数据为(σ_{3i}, σ_{1i})，$i=1\sim5$；把这 5 组数据采用最小二乘法进行拟合：

$$\delta = \sum_{i=1}^{n}\left[\sigma_{1i} - \left(Q + K\sigma_{3i}\right)\right]^2 \qquad (2\text{-}19)$$

拟合过程中使式(2-18)达到最小，即当 δ 关于 K、Q 的导数为 0 时最小，通过计算得到 K 和 Q 如下：

$$K = \frac{n\sum\limits_{i=1}^{n}\sigma_{1i}\sigma_{3i} - \sum\limits_{i=1}^{n}\sigma_{3i}\sum\limits_{i=1}^{n}\sigma_{1i}}{n\sum\limits_{i=1}^{n}\sigma_{3i}^2 - \left(\sum\limits_{i=1}^{n}\sigma_{3i}\right)^2}$$

(2-20)

$$Q = \frac{\left(\sum\limits_{i=1}^{n}\sigma_{1i} - K\sum\limits_{i=1}^{n}\sigma_{3i}\right)}{n}$$

回归过程中的相关性系数为

$$R = \frac{n\sum\limits_{i=1}^{n}\sigma_{1i}\sigma_{3i} - \sum\limits_{i=1}^{n}\sigma_{3i}\sum\limits_{i=1}^{n}\sigma_{1i}}{\left\{\left[n\sum\limits_{i=1}^{n}\sigma_{3i}^2 - \left(\sum\limits_{i=1}^{n}\sigma_{3i}\right)^2\right]\left[n\sum\limits_{i=1}^{n}\sigma_{1i}^2 - \left(\sum\limits_{i=1}^{n}\sigma_{1i}\right)^2\right]\right\}^{1/2}}$$

(2-21)

(3)三轴压缩强度实验记录包括：试样描述、试样尺寸、各侧向压应力下各轴向破坏荷载。

参 考 文 献

蔡美峰. 2002. 岩石力学与工程. 北京: 科学出版社.

杜时贵, 杨树峰, 程俊杰, 等. 2000. 岩石质量指标 RQD 与工程岩体分类. 工程地质学报, 8(3): 351-356.

沈明荣, 陈建峰. 2006. 岩体力学. 上海: 同济大学出版社.

徐珂. 2014. 三类岩石超声波测试技术的研究. 科技风, (18): 117.

尤明庆. 2007. 岩石的力学性质. 北京: 地质出版社: 57-59.

中华人民共和国国家质量监督检验检疫总局, 中国国家标准化管理委员会. 2009a. 煤和岩石物理力学性质测定方法第 2 部分: 煤和岩石真密度测定方法: GB/T 23561.2. 北京: 中国标准出版社: 1-6.

中华人民共和国国家质量监督检验检疫总局, 中国国家标准化管理委员会. 2009b. 煤和岩石物理力学性质测定方法第 4 部分: 煤和岩石孔隙率计算方法: GB/T 23561.4. 北京: 中国标准出版社: 1-3.

Peng Syd S, 李化敏, 周英, 等. 2015. 神东和准格尔矿区岩层控制研究. 北京: 科学出版社.

第3章　神东矿区地质地层与取样加工

神东矿区的沉积环境具有特殊性，因此，本章在钻孔取心之前首先对其沉积环境进行了详细研究，其次对试验钻孔与地质钻孔进行对比分析，讨论两者之间的差异及产生差异的原因，最后介绍了岩石试样采集与加工方法。

3.1　沉　积　环　境

鄂尔多斯盆地主要聚煤期为侏罗纪，煤的生成主要聚集在延安组。

晚三叠世后期，晚印支运动使盆地抬升露出水面。由于风化侵蚀及季节性洪水的冲刷，延长组顶部受到强烈侵蚀切割，形成高地、残丘、谷地、平原等沟谷纵横的丘陵地貌。在此背景下开始了下侏罗统的沉积。

从侏罗纪早期充填性河流相开始到延安组煤系地层结束是鄂尔多斯内陆拗陷盆地的第二个沉积阶段，盆地中部为汇水区，沉积中心与沉降中心基本一致。在侏罗纪早期，沿沟谷发育了古甘陕水系，沉积了厚 20~260m 呈树枝状展布的近 30000km^2 的河道砂体，此时气候一度干旱，出现了红层(梁积伟，2004)。随着侏罗系早期沉积物的充填，鄂尔多斯盆地逐渐趋于平原化，气候转为温暖潮湿，植被茂密，湖塘、沼泽星罗棋布，形成广泛分布的延安组河流与沼泽相的煤系地层，而在鄂尔多斯盆地东部，西起华池，东至延安，北抵志丹，南达富县这些范围内出现浅水湖泊环境(梁积伟，2007)。

中侏罗世，鄂尔多斯盆地抬升，延安组地层受到剥蚀。之后河流沉积体系再次发育，形成了直罗组以砂砾岩为主的干旱河流沉积，最终以干旱咸化湖泊的棕红色泥岩、杂色泥灰岩结束，这是鄂尔多斯盆地演化的第三个沉积阶段。此阶段沉降中心和沉积中心不一致，沉积中心仍位于鄂尔多斯盆地中心偏南，并向西部迁移，而沉降中心则在石沟驿一带继续发育。

鄂尔多斯盆地在侏罗纪时期是一个大型拗陷。接受四周古山系剥蚀区的物质，底部发育残积、坡积和洪积相。延安组时期，盆地沉积稳定，沉积范围扩大，发育湖泊沼泽相，含煤细碎屑岩沉积，有机质丰富。在植物群中，苏铁植物较少，以真蕨、松柏类及银杏类为主体，其中凤尾银杏和锥叶蕨最具代表性。晚侏罗世时，鄂尔多斯盆地四周山岭逐渐升起，沉积盆地大大缩小。由于气候由湿润向干旱转变，沉积物中不含煤，植物化石减少，有些地方完全变为红色碎屑岩。

3.2　地层特征及岩心钻孔柱状特征

3.2.1　地层特征

神东矿区井田范围内大部分被第四系松散风积沙覆盖，基岩露头很少，只在部分沟谷中有零星露头分布。根据钻孔揭露和区内沟谷两侧山脊零星的出露，本区发育的地层由老到新有：上三叠统延长组(T_3y)、中下侏罗统延安组($J_{1-2}y$)、中侏罗统直罗组(J_2z)、上侏罗统—下白垩统志丹群(J_3-K_1zh)和第四系(Q)，现分述如下。

(1)中生界上三叠统延长组(T_3y)：该地层为本区含煤地层的沉积基底，为一套浅绿色–浅灰绿色的碎屑岩建造，主要为灰绿色中粒砂岩，其次为粗粒砂岩和细粒砂岩，偶见煤线与岩屑，钻孔揭露最大厚度为67.9m。

(2)中生界中下侏罗统延安组($J_{1-2}y$)：该地层为本区的主要成煤地层，为一套内陆盆地沉积的碎屑岩建造，由中、细粒砂岩，粉砂岩，砂质泥岩和煤层组成。地层厚度为154～194.83m，平均厚度为180m左右，与下伏延长组呈角度不整合接触。按沉积规律和含煤特性，自上而下分为下、中、上3个岩段。

下岩段($J_{1-2}y^1$)：自延长组顶至4-1煤顶板砂岩底，厚度为43.00～69.96m，平均厚度为56.28m，由灰色、灰白色细粒砂岩，粉砂岩，灰黑色砂质泥岩，黑色泥岩和煤层组成，一般下部多为粗粒屑沉积，上部多为细粒屑沉积，含4煤、5煤两个煤组，煤层层数虽多，但煤层分层较薄，除4-3煤、5-2煤赋存外，其他煤层发育不稳定，含煤系数为6.18%，含煤性差。

中岩段($J_{1-2}y^2$)：自4-1煤顶板砂岩底至2-2煤顶板砂岩底，厚度为49.78～78.06m，平均厚度为66.32m，主要由深灰色–灰黑色粉砂岩，细粒砂岩，砂质泥岩和煤层组成，细粒沉积较多，中、粗粒砂岩呈透镜状局部发育，含2煤、3煤两个煤组，其中2-2煤、3-1煤为主要可采煤层，厚度较大，结构单一，煤质较好，全区稳定，本岩段含煤系数为16.19%，含煤性好。

上岩段($J_{1-2}y^3$)：自2-2煤顶板砂岩底至延安组顶界面，厚度为41.88～85.33m，平均厚度为46.51m，主要由灰白色细、中、粗粒砂岩，粉砂岩，砂质泥岩和煤层组成，含1煤煤组，向东分岔成3个煤层，分别为1-1煤、1-2^{上}煤、1-2煤，除1-2煤外均为局部可采煤层，1-2煤厚度较大，稳定性好，是区内的主采煤层，本岩段无论是煤层还是岩层在矿区东部边缘均受到不同程度的冲刷。含煤系数为14.05%，含煤性好。

(3)中生界中侏罗统直罗组(J_2z)：该地层由灰白、灰黄、灰蓝、灰绿、灰紫色等细、中粒砂岩，砂质泥岩和粉砂岩组成，厚度为83.46～141.42m，平均厚度为102.53m，该地层下部有碳化树干化石，局部可见煤线，与下伏延安组地层呈平行不整合接触。

(4)上侏罗统—下白垩统志丹群(J_3-K_1zh)：该地层仅见于矿区的西部边缘。厚度为31.09～97.34m，平均厚度为56.53m，岩性多为具大型交错层理的砂岩，局部砾岩发育，残留厚度 50m 左右，与下伏地层呈角度不整合接触。

(5)全新统第四纪松散层(Q)：按成因分类，主要为风积砂、冲淤积、河床冲积物等，厚度一般为 10～20m，最大厚度接近 50m。

神东矿区地层沉积特征见表 3-1。

表 3-1 神东矿区地层沉积特征

地层单位		岩性特征	厚度/m 两极值 平均值	水文地质特征
第四系 (Q)		主要为风积砂层，浅黄色，主要由中砂和细砂组成，上部含较多的黄土质，极松散，局部地段在下部有马兰黄土、黑色土壤层和杂色砾石。砾石成分为花岗岩、石英岩。角度不整合于一切老地层之上	3.0～ 49.76 20.62	风积砂和松散沉积物约占全井田的 70%以上，由于地形切割普遍，储水条件差，地下潜水多沿沟谷两侧及地形低洼处渗出，流量一般为 0.062～21.72L/s，水质为 HCO₃-Ca 型水，河流冲洪积层主要分布在呼和乌素沟及补连沟内，呈带状分布，孔隙发育，含水较丰富
侏罗系—白垩系 (J-K)	志丹群 (J₃-K₁zh)	为厚层状的杂色砾岩，粗砾砂岩，上部具杂色，中细粒岩等，砾石成分由花岗岩、花岗片麻岩、石英岩等组成。泥质胶结。较疏松，分选差，磨圆中等，具大型斜交层理。最大粒径约为 10cm，一般为 3～5cm。与下伏地层呈角度不整合接触	31.09～ 97.34 56.53	该地层主要分布在井田的西部，由于受剥蚀与风化作用，上部岩石胶结疏松，孔隙、裂隙较发育，含有部分孔隙、裂隙水，在露头处有泉水出露，流量为 0.039～0.828L/s。下部孔隙裂隙减弱，该层厚度变化较大，水质为 HCO₃-Ca、Na 型水
侏罗系 (J)	直罗组 (J₂z)	为一套杂色地层，细、中粒砂岩，砂质泥岩和粉砂岩，颜色为灰白、灰黄、灰蓝、灰绿、灰紫色等，砂岩成分以石英为主，长石次之，为泥质或黏土质胶结，较疏松，含泥质、铁质结核，局部较富集，局部为厚层状灰黄色，中、中粗粒砂岩，全组地层厚度变化不大，相变频繁，常具水平层理、小型交错层理等，下部发育 1 煤，分布极不稳定，不可采，与下伏地层呈不整合接触	83.46～ 141.42 102.53	该段受风化剥蚀作用，残存厚度不一，东部边缘厚度为零，向西部逐渐增厚，可达159.70m，平均厚度约94.19m，该段砂岩厚度变化较大，细-粗粒砂岩，总厚度一般为1.85～68.11m，平均厚约28.55m，向东部边缘变薄尖灭，上部裂隙较发育，该段含少量孔隙、裂隙水，据钻孔抽水试验，单位涌水量为 0.00147L/s·m，渗透系数0.00291m/d，水质为 HCO₃-Ca、Na 型水，矿化度 0.57g/L
	延安组上岩段 (J₁-₂y³)	由灰白色细、中、粗粒砂岩，粉砂岩，砂质泥岩和煤层组成，底部为灰白、黄绿色细粒砂岩，中粒砂岩和粉砂岩，局部相变为粗粒砂岩，具小型波状、水平层理及槽状、板状交错层理，含大量植物化石碎片和煤包体，发育 1-1 煤、1-2上煤、1-2 煤、1-2下煤组，其中以 1-2 煤为主，平均厚为 5.47m，1-2上煤、1-2煤下煤组厚度变化大，分布不稳定	41.88～ 85.33 46.51	1-2 煤～2-2 煤厚度为 29.8～47.68m，一般厚度为 40.55m，含水岩性：细-粗粒岩厚度为1.05～36.07m，一般厚度为 21.11m，单位涌水量小于 0.0077L/s·m，渗透系数0.0488m/d；2-2 煤～3-1 煤，该段厚度为25.09～36.9m，含水岩性：细-粗粒砂岩厚1.9～9.46m，一般厚度为9.46m，单位涌水量小于0.0038L/s·m，渗透系数0.0215m/d；1-2 煤～3-1 煤，该段厚度一般为 60.17～97.61m，平均厚度为72.92m，砂岩体厚度为0～53.2m，平均厚度为26.53m，该段含有承压水，根据 L3 号水文钻孔资料，3 煤顶部涌水，流量为 0.003L/s，静水位高出地约1.03m，抽水成果：单位涌水量为0.00119L/s·m，渗透系数为0.00314m/d，水质为 Cl-HCO₃-Ca、Na 型水，矿化度为 1.1g/L

地层单位		岩性特征	厚度/m 两极值 平均值	水文地质特征
侏罗系(J)	延安组中岩段 $(J_{1-2}y^2)$	主要由深灰色-灰黑色粉砂岩,砂质泥岩,细粒砂岩和煤组成,2 煤、3 煤厚度大,层位稳定,结构简单,可做本区对比标志,为本区主要可采煤层,底部具一层厚层状灰白色中、细粒砂岩,局部相变为砂质泥岩和粗砂岩,含炭屑和铁质结核,夹有两层薄煤线	$\dfrac{49.78\sim}{\dfrac{78.06}{66.32}}$	
	延安组下岩段 $(J_{1-2}y^1)$	主要由灰色、灰白色细粒砂岩,粉砂岩,灰黑色砂质泥岩,黑色泥岩和煤层组成,含 4 煤、5 煤两个煤组,煤层厚度变化较大,分布不稳定,局部可采,底部具灰-灰白色中砂岩,局部相变为粗砂岩	$\dfrac{43.00\sim}{\dfrac{69.96}{56.28}}$	该层厚度为 71.61~102.72m,平均厚度为 83.82m,其中砂岩体厚度为 12.48~56.05m,平均厚度为 33.51m,该段主要以砂质泥岩、粉砂岩为主,底部以中、细粒砂岩为主,岩石胶结致密,裂隙不发育,含有承压水,据涌水钻孔资料,涌水量为 0.039~1.00L/s,渗透系数为 0.000711m/d,水质为 Cl-HCO$_3$-Ca、Na 型水,矿化度为 1.0g/L
三叠系(T)	延长组 (T_3y)	主要为灰绿色中粒砂岩,其次为粗粒砂岩和细粒砂岩,成分以石英为主,长石次之,含较多白云母片及少量暗色矿物,黏土质胶结,层理不明显,分选较好,顶部常保留有风化壳的物质		该层为本区煤系地层基底,井田内钻孔揭露最大厚度为 67.90m,据邻区资料,该层含有承压水,涌水量为 0.019L/s,渗透系数为 0.0037m/d

3.2.2　钻孔柱状特征

众所周知,为了掌握煤层开采过程中覆岩运动的规律,我们通常采用数值模拟试验、相似材料模拟试验等研究手段,对煤层开采后的岩层运动规律进行重现,而合理的岩层岩性参数是精确研究岩层运动的核心和关键问题。值得注意的是,矿井原有的大部分地质钻孔主要是为了勘探煤层赋存,其柱状图中的岩层分类较为粗糙,并不适用于岩层控制研究。为了进一步说明该问题,本节将补连塔煤矿、大柳塔煤矿和布尔台煤矿试验钻孔柱状图与临近的原地质钻孔柱状图进行对比分析,如图 3-1~图 3-3 所示。

补连塔煤矿原地质钻孔(Hn9 钻孔)与试验钻孔(SJ-2 钻孔)在采掘工程平面图上的直线距离为 579m,距离很短,且附近没有明显的断层构造存在。但从图 3-1 可以看到两个钻孔之间有如下变化特征。

(1)标志性煤层埋深差别较大,厚度变化不明显。Hn9 钻孔中 2-2 煤的埋深为 109.77m,而 SJ-2 钻孔中 2-2 煤的埋深为 91.90m,两者相差 17.87m,两者煤层厚度十分接近,相差 0.03m;1-2 煤的埋深两者相差 28.28m,煤层厚度相差 0.55m。

岩性	柱状图	层号	厚度/m	埋深/m
风积砂		1	15.30	15.30
砂质泥岩		2	14.39	29.69
粗粒砂岩		3	8.36	38.05
砂质泥岩		4	12.06	50.11
中粒砂岩		5	6.19	56.30
1-1煤		6	0.17	56.47
砂质泥岩		7	8.62	65.09
粗粒砂岩		8	9.74	74.83
1-2^{上}煤		9	0.20	75.03
砂质泥岩		10	1.12	76.15
1-2煤		11	6.07	82.22
砂质泥岩		12	1.48	83.70
中粒砂岩		13	1.03	84.73
砂质泥岩		14	9.42	94.15
细粒砂岩		15	2.15	96.30
砂质泥岩		16	5.60	101.90
粉砂岩		17	6.16	108.06
砂质泥岩		18	1.71	109.77
2-2煤		19	7.50	117.27

(a) Hn9钻孔

岩性	柱状图	层号	厚度/m	埋深/m
风积砂		1	6.42	6.42
粗粒砂岩		2	5.58	12.00
砂质泥岩		3	3.50	15.50
泥岩		4	2.42	17.92
砂质泥岩		5	2.38	20.30
中粒砂岩		6	1.06	21.36
砂质泥岩		7	2.99	24.35
细粒砂岩		8	0.85	25.20
砂质泥岩		9	2.14	27.34
泥岩		10	2.36	29.70
砂质泥岩		11	3.93	33.63
1-1煤		12	1.12	34.75
中粒砂岩		13	11.15	45.90
砂质泥岩		14	1.00	46.90
中粒砂岩		15	0.97	47.87
1-2煤		16	5.52	53.39
砂质泥岩		17	3.97	57.36
细粒砂岩		18	2.90	60.26
中粒砂岩		19	29.88	90.14
砂质泥岩		20	1.76	91.90
2-2煤		21	7.47	99.37
泥岩		22	2.75	102.12
砂质泥岩		23	3.28	105.40
细粒砂岩		24	1.50	106.90
泥岩		25	1.20	108.10

(b) SJ-2钻孔

图 3-1　补连塔煤矿钻孔柱状图
两钻孔采掘工程平面图直线距离 579m

(2)顶板岩性及厚度变化大。例如，两钻孔中 2-2 煤直接顶岩性都为砂质泥岩，厚度也基本接近，分别为 1.71m 和 1.76m，相差 0.05m。但再往上的岩层两者出现了较大差异，Hn9 钻孔中砂质泥岩上覆 6.16m 的粉砂岩，而 SJ-2 钻孔中砂质泥岩上覆 29.88m 的中粒砂岩，两者岩性和厚度都发生了非常大的变化，而这种差异对岩层运动起着至关重要的作用。

岩性	柱状图	层号	厚度/m	埋深/m
风积砂		1	6.00	6.00
粉砂岩		2	23.40	29.40
细粒砂岩		3	9.23	38.63
中粒砂岩		4	11.87	50.50
细粒砂岩		5	6.50	57.00
粉砂岩		6	0.90	57.90
3-2煤		7	0.35	58.25
粉砂岩		8	4.35	62.60
细粒砂岩		9	19.40	82.00
粉砂岩		10	14.00	96.00
细粒砂岩		11	4.10	100.10
4-2煤		12	0.60	100.70
粉砂岩		13	5.30	106.00
细粒砂岩		14	3.10	109.10
4-3煤		15	0.90	110.00
细粒砂岩		16	4.20	114.20
粉砂岩		17	9.00	123.20
细粒砂岩		18	2.40	125.60
中粒砂岩		19	3.66	129.26
粉砂岩		20	5.94	135.20
细粒砂岩		21	11.80	147.00
中粒砂岩		22	22.30	169.30
粉砂岩		23	1.25	170.55
5-2煤		24	7.80	178.35
粉砂岩		25	9.95	188.30

(a) D170钻孔

岩性	柱状图	层号	厚度/m	埋深/m
风积砂		1	10.90	10.90
黄土		2	11.00	21.90
砂质泥岩		3	4.60	26.50
粉砂岩		4	1.40	27.90
砂质泥岩		5	2.52	30.42
粉砂岩		6	1.20	31.62
砂质泥岩		7	0.75	32.37
煤		8	1.09	33.46
泥岩		9	4.12	37.58
粉砂岩		10	1.74	39.32
砂质泥岩		11	6.26	45.58
粗粒砂岩		12	14.14	59.72
中粒砂岩		13	4.40	64.12
砂质泥岩		14	3.11	67.23
3-2煤		15	0.27	67.50
砂质泥岩		16	1.88	69.38
煤		17	0.11	69.49
细粒砂岩		18	1.23	70.72
砂质泥岩		19	3.28	74.00
细粒砂岩		20	1.52	75.52
砂质泥岩		21	0.27	75.79
煤		22	0.22	76.01
粉砂岩		23	7.99	84.00
砂质泥岩		24	2.47	86.47
粉砂岩		25	0.55	87.02
砂质泥岩		26	1.68	88.70
粉砂岩		27	2.82	91.52
煤		28	0.16	91.68
砂质泥岩		29	1.93	93.61
煤		30	0.21	93.82
泥岩		31	0.28	94.10
煤		32	0.18	94.28
细粒砂岩		33	3.37	97.65
煤		34	0.19	97.84
砂质泥岩		35	2.88	100.72
粉砂岩		36	1.45	102.17
泥质粉砂岩		37	6.68	108.85
煤		38	0.17	109.02
泥岩		39	1.23	110.25
4-2煤		40	0.61	110.86
泥灰岩		41	3.96	114.82
细粒砂岩		42	3.90	118.72
4-3煤		43	0.69	119.41
细粒砂岩		44	2.41	121.82
砂质泥岩		45	1.87	123.69
细粒砂岩		46	0.60	124.29
粉砂岩		47	1.11	125.40
砂质泥岩		48	0.85	126.25
细粒砂岩		49	0.70	126.95
砂质泥岩		50	2.17	129.12
粉砂岩		51	6.35	135.47
中粒砂岩		52	4.68	140.15
煤		53	0.07	140.22
粉砂岩		54	0.84	141.06
煤		55	0.15	141.21
砂质泥岩		56	3.54	144.75
细粒砂岩		57	30.87	175.62
粉砂岩		58	0.60	176.22
中粒砂岩		59	0.70	176.92
粉砂岩		60	2.41	179.33
5-2煤		61	7.69	187.02
粉砂岩		62	3.58	190.60
砂质泥岩		63	2.82	193.42
粉砂岩		64	4.40	197.82

(b) SJ-1钻孔

图 3-2　大柳塔煤矿钻孔柱状图

两钻孔采掘工程平面图直线距离 139m

岩性	柱状图	层号	厚度/m	埋深/m
风积砂		1	26.70	26.70
粉砂岩		2	51.00	77.70
细粒砂岩		3	57.90	135.60
砂质泥岩		4	27.10	162.70
细粒砂岩		5	37.50	200.20
砂质泥岩		6	38.70	238.90
细粒砂岩		7	32.50	271.40
砂质泥岩		8	13.05	284.45
1-2上煤		9	0.40	284.85
粉砂岩		10	15.60	300.45
煤		11	0.50	300.95
粉砂岩		12	2.10	303.05
1-2煤		13	0.50	303.55
砂质泥岩		14	42.50	346.05
2-2上煤		15	3.10	349.15
砂质泥岩		16	23.90	373.05
细粒砂岩		17	18.90	391.95
砂质泥岩		18	30.10	422.05
4-2煤		19	6.70	428.75
泥岩		20	2.00	430.75
煤		21	0.30	431.05
砂质泥岩		22	7.70	438.75

(a) E29钻孔

岩性	柱状图	层号	厚度/m	埋深/m
黄土		1	57.00	57.00
含砾粗砂岩		2	40.12	97.12
细粒砂岩		3	12.20	109.32
粗粒砂岩		4	4.80	114.12
粉砂岩		5	2.60	116.72
细粒砂岩		6	0.80	117.52
粗粒砂岩		7	3.70	121.22
细粒砂岩		8	4.00	125.22
含砾粗砂岩		9	0.80	126.02
含砂岩		10	2.50	128.52
粉砂岩		11	3.50	132.02
粉砂质泥岩		12	1.90	133.92
粉砂岩		13	1.28	135.20
黏土页岩		14	2.27	137.47
中粒砂岩		15	3.05	140.52
含砾粗砂岩		16	4.20	144.72
粘土页岩		17	1.10	145.82
含砂泥岩		18	2.60	148.42
粉砂岩		19	2.70	151.12
砂质泥岩		20	4.80	155.92
细粒砂岩		21	5.70	161.62
砂质泥岩		22	7.60	169.22
粉砂岩		23	4.70	173.92
中粒砂岩		24	3.35	177.27
砂质泥岩		25	22.05	199.32
细粒砂岩		26	1.50	200.82
泥岩		27	1.20	202.02
粉砂岩		28	1.20	203.22
砂质泥岩		29	3.10	206.32
中粒砂岩		30	13.5	219.82
泥岩		31	0.95	220.77
砂质泥岩		32	0.45	221.22
粗粒砂岩		33	7.00	228.22
砂质泥岩		34	3.60	231.82
细粒砂岩		35	1.60	233.42
砂质泥岩		36	1.45	239.92
粗粒砂岩		37	5.20	245.12
砂质泥岩		38	3.40	248.52
砂质泥岩		39	5.90	254.42
细粒砂岩		40	9.10	263.52
粗粒砂岩		41	20.70	284.22
细粒砂岩		42	0.30	284.52
泥岩		43	0.20	284.72
1-2上煤		44	0.60	285.32
泥岩		45	0.85	286.17
砂质泥岩		46	2.45	288.62
含砾粗砂岩		47	0.70	289.32
中粒砂岩		48	4.50	293.82
煤		49	0.20	294.02
粗粒砂岩		50	1.80	295.82
砂质泥岩		51	3.10	298.92
中粒砂岩		52	1.73	300.65
1-2煤		53	0.57	301.22
砂质泥岩		54	0.91	302.13
细粒砂岩		55	1.00	303.13
煤		56	0.17	303.3
泥岩		57	5.12	308.42
中粒砂岩		58	6.50	314.92
粗粒砂岩		59	17.60	332.52
细粒砂岩		80	0.35	360.05
中粒砂岩		81	1.39	361.44
煤		82	0.24	361.68
泥岩		83	0.13	361.81
煤		84	0.11	361.92
粉砂岩		85	1.15	363.07
2-2煤		86	0.32	363.39
砂质泥岩		87	0.26	363.65
粗粒砂岩		88	2.91	366.56
砂质泥岩		89	0.14	366.70
细粒砂岩		90	0.72	367.42
粉砂岩		91	10.90	378.32
砂质泥岩		92	37.10	415.42
砂质泥岩		93	4.31	419.73
4-2煤		94	6.56	426.29
粗粒砂岩		95	1.98	428.27
煤		96	0.16	428.43
细粒砂岩		97	1.99	430.42
中粒砂岩		98	1.60	432.02
粉砂岩		99	4.78	436.80
粗粒砂岩		100	0.82	437.62

(b) SJ-3-1、SJ-3-2钻孔

图 3-3　布尔台煤矿钻孔柱状图

两钻孔采掘工程平面图直线距离31m

大柳塔煤矿原地质钻孔(D170 钻孔)与试验钻孔(SJ-1 钻孔)在采掘工程平面图上的直线距离为 139m，两者距离很短，在两钻孔附近有一个落差为 3.1m 的正断层，但两钻孔同在断层的下盘岩层中，断层对岩层变化影响很小。但从图 3-2 可以看到两个钻孔之间有如下变化特征。

(1)标志性煤层厚度变化不大，但埋深差别较大。D170 钻孔中 5-2 煤埋深为 170.55m，厚度为 7.80m，而 SJ-1 钻孔中 5-2 煤埋深为 179.33m，厚度为 7.69m，二者埋深相差 8.78m，厚度相差 0.11m；D170 钻孔中 4-2 煤埋深为 100.10m，厚度为 0.60m，而 SJ-1 钻孔中 4-2 煤埋深为 110.25m，厚度为 0.61m，二者埋深相差 10.15m，厚度相差 0.01m。

(2)岩层分层数差别较大。D170 钻孔中 5-2 煤上覆岩层总数为 23 层，而 SJ-1 钻孔中 5-2 煤上覆岩层总数为 60 层，岩层数目增加了 37 层，且 SJ-1 钻孔中除了主要标志性煤层(3-2 煤、4-2 煤、4-3 煤、5-2 煤)外，还有很多煤线分布，这与 D170 钻孔的煤层数较少有较大差异。产生这种差异的原因主要是 D170 钻孔当时施工主要是为了确认断层的位置和落差，对岩层的精细划分没有特殊要求，故柱状图中对岩层的划分较为粗略。

(3)煤层顶板岩性及厚度变化大。例如，D170 钻孔中距离 5-2 煤顶板 1.25m 处有一层 22.30m 的中粒砂岩和 11.80m 的细粒砂岩，而 SJ-1 钻孔中距离 5-2 煤顶板 3.71m 处只有一层 30.87m 的细粒砂岩，再往上没有特别厚的岩层发育。这种岩性和厚度的变化影响了岩层控制中关键层的层数和位置的变化，对岩层运动有着至关重要的作用。

布尔台煤矿原地质钻孔(E29 钻孔)与试验钻孔(SJ-3-1、SJ-3-2 合成钻孔)在采掘工程平面图上的直线距离为 31m，两者距离很短，两钻孔之间无断层构造。需要说明的是，布尔台煤矿 2-2$^\top$煤大部分已经回采完毕，试验钻孔属于穿采空区钻进的，所以在柱状图编号上，从编号 59 直接跳到编号 80，主要是编号 60～79 都受 2-2$^\top$煤采空区影响范围，岩心无法获得(下同)。但从图 3-3 可以看到两个钻孔之间有如下变化特征。

(1)标志性煤层埋深和厚度差异较小。E29 钻孔中 4-2 煤埋深 422.05m，厚度为 6.70m，试验钻孔中 4-2 煤埋深 419.73m，厚度为 6.56m，埋深相差 2.32m，厚度相差 0.14m；E29 钻孔中 1-2$^\top$煤埋深 284.45m，厚度为 0.40m，试验钻孔中 1-2$^\top$煤埋深 284.72m，厚度为 0.60m，埋深相差 0.27m，厚度相差 0.20m。

(2)岩层分层数差别较大。E29 钻孔中 4-2 煤上覆岩层总数为 18 层，而试验钻孔中 4-2 煤上覆岩层总数为 73 层(未包含已经进入采空区破坏范围的岩层)，岩层数目增加了 55 层，且试验钻孔中除了主要标志性煤层(1-2$^\top$煤、1-2 煤、2-2 煤、4-2 煤)外，还出现了很多煤线分布，这与 E29 钻孔的煤层数有较大差异。

(3)顶板岩性及厚度变化大。例如，E29 钻孔中 4-2 煤顶板直覆一层厚度为 30.10m 的砂质泥岩和一层 18.90m 的细粒砂岩，而试验钻孔中 4-2 煤顶板直覆一层 4.31m 的砂质泥岩和一层 37.10m 的粉砂岩。这种岩性和厚度的变化影响了岩层控制中关键层的层数和位置的变化，对岩层运动有着至关重要的作用。

由上分析可得到如下认识。

(1)在分析岩层运动规律的时候，现场已有的钻孔柱状图可以作为参考依据，但由于已有钻孔主要是为了确定煤层位置，其岩层精度(岩层层数、顶板岩性及厚度)相对较差，对精准岩层控制有着较大影响。

(2)由于沉积环境和沉积时期的影响，相邻钻孔之间的岩性差距较大，这实际上在一定程度上增加了岩层运动研究的难度。

3.3　试样采集与加工

3.3.1　试样采集

为了能够更好地研究浅埋薄基岩大开采空间顶板动力灾害问题，选择神东矿区为主要研究区域，以具有代表性的大柳塔煤矿、补连塔煤矿和布尔台煤矿中 3 个不同开采条件的工作面为研究目标，对该地区岩石的沉积环境、矿物成分、微观结构、中宏观节理裂隙、宏观破裂特征、力学特征、声学特征及其他物理参数进行了系统的研究，对 3 个试验点采用从地面钻孔、全地层取心的方法，共收集了 700 多米的岩心(图 3-4)。为了保证岩心在取心过程中尽可能的处于原始状态，专门派两位博士研究生跟踪钻取岩心的全过程。在取样全过程中，为了减少外界因素的影响，采取了以下几种措施。

(1)对所取的试样进行统一编号，编号顺序从上至下按照打钻的回次次数进行编号，并进行拍照，如图 3-4 所示。

图 3-4　试样现场编号图(布尔台煤矿)

(2)为了防止泥岩、砂质泥岩、弱胶结砂岩等岩石风化断裂，在试验现场用保鲜膜对其进行密封，如图 3-5 所示。

图 3-5　试样现场密封图(布尔台煤矿)

(3) 为了防止试样在运输过程中断裂，用海绵将岩心全部包裹起来。

3.3.2　试样制备

试样加工所用的设备主要有以下几种：

(1) 大型锯石机；

(2) 钻石机；

(3) 普通锯石机；

(4) 干燥箱。

对试样进行检测的设备主要有以下几种：

(1) 游标卡尺；

(2) 直角尺；

(3) 水平检测台；

(4) 百分表及百分表架；

(5) 天平。

按照《煤和岩石物理力学性质测定方法第 1 部分：采样一般规定》(GB/T 23561.1—2009)规定，按要求把试样加工成标准试样。为了能够达到实验测试目的，每组岩石至少加工了 3 个试样，部分加工试样如图 3-6 所示。

3.4　神东矿区地质地层特点

图 3-7 为神东矿区补连塔煤矿、大柳塔煤矿和布尔台煤矿试验钻孔柱状图。从图 3-7 可以发现，神东矿区主采煤层上覆岩层主要为第四系、白垩系、侏罗系地层，其中第四系地层为黄土，本书主要进行煤岩物理力学参数试验，因此，第四系黄土暂未考虑。补连塔煤矿地层的岩石主要集中在白垩系志丹群、侏罗系

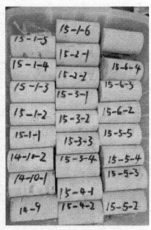

图 3-6　部分单轴、三轴压缩试样(补连塔煤矿)

直罗组、侏罗系延安组；大柳塔煤矿地层的岩石主要集中在侏罗系直罗组和侏罗系延安组；布尔台煤矿地层的岩石主要集中在白垩系志丹群、侏罗系安定组、侏罗系直罗组和侏罗系延安组。本书按这个分组顺序从上到下对组内岩石的密度、波速、RQD 值、孔隙率、微观结构、矿物成分、抗压强度、弹性模量、抗拉强度、黏聚力和内摩擦角 11 种物理力学参数进行统计分析。

根据目前神东矿区 3 个矿井主采煤层实际分布情况及沉积时期的不同，从上到下可以分为 1-2 煤、2-2 煤、4-2 煤、5-2 煤。从 3 个试验矿井钻孔中可以得到如下特征。

(1)部分煤层在不同矿井都有沉积，不过煤层厚度有很大差异。例如，补连塔煤矿和布尔台煤矿都出现了 2-2 煤，补连塔 2-2 煤厚度为 7.47m，而布尔台煤矿 2-2 煤厚度为 0.32m；大柳塔煤矿和布尔台煤矿都出现了 4-2 煤，大柳塔煤矿 4-2 煤厚度为 0.61m，而布尔台煤矿 4-2 煤厚度为 6.56m。

(2)由于构造运动的作用，同一沉积时期煤层的埋深有较大差别。例如，补连塔煤矿 2-2 煤埋深为 91.90m，而布尔台煤矿 2-2 煤埋深为 363.07m；同样地，大柳塔煤矿 4-2 煤埋深为 110.25m，而布尔台煤矿 4-2 煤埋深为 419.73m。这种差异可能是构造运动使部分地层抬升，从而使地层受到风化剥蚀作用，造成一部分岩层缺失，减小了覆岩的厚度。例如，补连塔煤矿从第四系松散层至侏罗系直罗组底部厚度为 25.20m，相对来说缺少侏罗系安定组岩层；大柳塔煤矿从第四系松散层至侏罗系直罗组底部厚度为 45.58m，相对来说缺少白垩系志丹群和侏罗系安定组岩层；而布尔台煤矿从第四系松散层至侏罗系直罗组底部厚度为 284.22m，地层相对完整，也因此造成了布尔台煤矿可采煤层整体埋深较大。

(a) 补连塔煤矿钻孔柱状图

系	统	组	岩性	层号	厚度/m	埋深/m
第四系	Q4		风积沙	1	6.42	6.42
白垩系	志丹群(K1zh)		粗粒砂岩	2	5.58	12.00
侏罗系	中统	直罗组(J2z)	泥岩	3	3.50	15.50
			砂质泥岩	4	2.42	17.92
			砂质泥岩	5	2.38	20.30
			中粒砂岩	6	1.06	21.36
			砂质泥岩	7	2.99	24.35
			细粒砂岩	8	0.85	25.20
		延安组	砂质泥岩	9	2.14	27.34
			砂质泥岩	10	2.36	29.70
			泥岩	11	3.93	33.63
			1-1煤	12	1.12	34.75
			中粒砂岩	13	11.15	45.90
			砂质泥岩	14	1.00	46.90
			中粒砂岩	15	0.97	47.87
			1-2煤	16	5.52	53.39
			砂质泥岩	17	3.97	57.36
			细粒砂岩	18	2.90	60.26
			中粒砂岩	19	29.88	90.14
			砂质泥岩	20	1.76	91.90
			2-2煤	21	7.47	99.37
			泥岩	22	2.75	102.12
			砂质泥岩	23	3.28	105.40
			细粒砂岩	24	1.50	106.90
(J)		(J2zy)	泥岩	25	1.20	108.10

(b) 大柳塔煤矿钻孔柱状图

系	统	组	岩性	层号	厚度/m	埋深/m
第四系			风积沙	1	10.9	10.90
	Q4		黄土	2	11.0	21.90
侏罗系	中统	直罗组	砂质砂岩	3	4.60	26.50
		(J2z)	砂质泥岩	4	1.40	27.90
			砂质砂岩	5	2.52	30.42
			砂质泥岩	6	1.20	31.62
			砂质泥岩	7	0.75	32.37
			煤	8	1.09	33.46
			砂质泥岩	9	4.12	37.58
		(J2z)	粉砂岩	10	1.74	39.32
	中延		泥岩	11	6.26	45.58
			粗粒砂岩	12	14.14	59.72
			中粒砂岩	13	4.40	64.12
			砂质泥岩	14	3.11	67.23
			3-2煤	15	0.27	67.50
	中延		砂质泥岩	16	1.88	69.38
			煤	17	0.11	69.49
			细粒泥岩	18	1.23	70.72
			砂质泥岩	19	3.28	74.0
			细粒砂岩	20	1.52	75.52
			砂质泥岩	21	0.27	75.79
			煤	22	0.22	76.01
			粉砂岩	23	7.99	84.00
			砂质泥岩	24	2.47	86.47
			粉砂岩	25	0.55	87.02
			砂质泥岩	26	1.68	88.70
			粉砂岩	27	2.82	91.52
			煤	28	1.93	93.61
罗			砂质泥岩	29	1.93	93.61
			煤	30	0.21	93.82
			泥岩	31	0.28	94.10
			煤	32	0.18	94.28
			煤	33	3.37	97.65
	下安		煤	34	0.19	97.84
			砂质泥岩	35	2.88	100.72
			粉砂岩	36	1.45	102.17
			泥质粉砂岩	37	6.68	108.85
			砂质泥岩	38	0.17	109.02
			泥岩	39	1.23	110.86
			4-2煤	40	0.17	110.86
			泥灰岩	41	3.96	114.82
			细粒砂岩	42	3.90	118.72
			4-3煤	43	0.69	119.41
			细粒砂岩	44	2.41	121.82
			砂质泥岩	45	1.87	123.69
			细粒砂岩	46	0.60	124.29
			粉砂岩	47	1.11	125.40
系			砂质泥岩	48	0.85	126.25
			细粒砂岩	49	0.70	126.95
			砂质泥岩	50	2.17	129.12
			粉砂岩	51	6.35	135.47
	统	组	砂质泥岩	52	4.68	140.15
			煤	53	0.07	140.22
			粉砂岩	54	0.84	141.06
			煤	55	0.15	141.21
			砂质泥岩	56	3.54	144.75
			细粒砂岩	57	30.87	175.62
			粉砂岩	58	0.60	176.22
			中粒砂岩	59	1.70	177.62
			粉砂岩	60	2.41	179.33
			5-2煤	61	7.69	187.02
			砂质泥岩	62	3.58	190.60
			砂质泥岩	63	2.82	193.42
(J)		(J2zy)	粉砂岩	64	4.40	197.82

(c) 布尔台煤矿钻孔柱状图

系	统	组	岩性	层号	厚度/m	埋深/m
第四系	Q4		黄土	1	57.00	57.00
白垩系	志丹群 下统	(K1zh)	含砾粗砂岩	2	40.12	97.12
			细粒砂岩	3	12.20	109.32
			粉砂岩	4	4.80	114.12
			粉砂岩	5	2.60	116.72
			粗粒砂岩	6	0.80	117.52
			细粒砂岩	7	3.70	121.22
			细粒砂岩	8	4.00	125.22
			泥岩	9	0.80	126.02
			含砂粗岩	10	2.50	128.52
			粉砂质泥岩	11	3.50	132.02
			粉砂岩	12	1.90	133.92
			粉砂岩	13	1.28	135.20
(K)	(K1zh)		黏土页岩	14	2.27	137.47
			中粒砂岩	15	3.05	140.52
	安		粗粒砂岩	16	4.20	144.72
			黏土岩	17	1.10	145.82
			含砂岩	18	2.60	148.42
			粉砂岩	19	2.70	151.12
	中定		砂质泥岩	20	4.80	155.92
	组		砂质泥岩	21	5.70	161.62
			粉砂岩	22	7.60	169.22
		(J2a)	中粒砂岩	23	4.70	173.92
			中粒砂岩	24	3.35	177.27
侏			砂质泥岩	25	22.05	199.32
			泥岩	26	1.50	200.82
			泥岩	27	1.20	202.02
	直		砂质泥岩	28	1.20	203.22
			砂质泥岩	29	3.10	206.32
	罗		中粒砂岩	30	13.5	219.82
			砂质泥岩	31	0.45	220.27
	统		粗粒砂岩	32	7.00	228.22
			砂质泥岩	33	3.60	231.82
			细粒砂岩	34	2.40	233.42
			砂质泥岩	35	1.45	239.92
	组		粗粒砂岩	36	5.20	245.12
			砂质泥岩	37	3.40	248.52
			砂质泥岩	38	5.90	254.42
		(J2z)	粗粒砂岩	39	20.70	263.52
				40		284.22
			泥岩	41	0.30	284.52
			泥岩	42	0.20	284.72
			1-2上煤	44	0.60	285.82
			泥岩		0.85	286.17
			砂质泥岩	46	2.45	288.62
	罗		含砾砂岩	47	0.70	289.32
			中粒砂岩	48	4.50	293.82
			煤	49	0.20	294.00
			粗粒砂岩		1.80	295.82
	中延		砂质泥岩	51	3.10	298.92
			中粒砂岩		1.73	300.05
			1-2煤	53	0.57	301.22
			砂质泥岩	54	0.91	302.13
			细粒砂岩		1.00	303.13
			煤	56	0.17	303.30
	下安		泥岩		5.12	308.42
			中粒砂岩	58	6.50	314.92
			粗粒砂岩	59	17.6	332.52
			细粒砂岩	80	0.35	360.05
			中粒砂岩	81	1.39	361.44
			煤	82	0.24	361.68
			泥岩	83	0.13	361.81
系			煤	84	0.11	361.92
			粉砂岩	85	1.15	363.07
			2-2煤	86	0.32	363.39
			砂质泥岩		0.26	363.65
			粗粒砂岩	88	2.91	366.56
			砂质泥岩	89	0.14	366.70
			细粒砂岩	90	0.72	367.42
			砂质泥岩	91	10.90	378.32
	统		粉砂岩	92	37.10	415.42
		组	砂质泥岩	93	4.31	419.73
			4-2煤	94	6.56	426.29
			粗粒砂岩	95	1.98	428.27
			煤	96	0.16	428.43
			细粒砂岩	97	1.99	430.42
			中粒砂岩	98	1.60	432.02
			粉砂岩	99	4.78	436.80
(J)		(J2zy)	粗粒砂岩	100	0.82	437.62

图 3-7　试验矿井钻孔柱状图

(3) 由于构造运动和沉积位置的差异，同一沉积时期煤层的顶板岩性可能存在一定差别。例如，补连塔煤矿 2-2 煤直接顶为砂质泥岩，布尔台煤矿 2-2 煤直接顶为粉砂岩；大柳塔煤矿 4-2 煤直接顶为泥岩，布尔台煤矿 4-2 煤直接顶为砂质泥岩。

参 考 文 献

梁积伟. 2004. 鄂尔多斯盆地东北部山西组高分辨层序地层及沉积微相特征研究. 西安: 西北大学.

梁积伟. 2007. 鄂尔多斯盆地侏罗系沉积体系和层序地层学研究. 西安: 西北大学.

中华人民共和国国家质量监督检验检疫总局, 中国国家标准化管理委员会. 2009. 煤和岩石物理力学性质测定方法 第 1 部分: 采样一般规定: GB/T 23561.1. 北京: 中国标准出版社: 1-6.

Peng Syd S, 李化敏, 周英, 等. 2015. 神东和准格尔矿区岩层控制研究. 北京: 科学出版社.

第4章 煤岩物理性质试验

神东矿区特殊的沉积环境造成其岩石物理性质与其他地区存在很大的差异，因此，本章主要研究神东矿区不同埋深、不同岩性岩石的密度、波速、孔隙率、微观结构及 RQD 值。

4.1 神东矿区岩石密度测试结果分析

岩石密度是单位体积的岩石的质量，包括岩石基本集合相（固相、液相和气相），与岩石矿物成分、岩石孔隙结构和胶结物种类等有着密切的关系（蔡美峰，2002）。同时密度也是岩石重要的物理参数，作为日常中最容易得出、最直观的参数，间接反映岩石的致密程度，可表征岩石的力学性质的一些特性。因此连续地层不同岩石密度的测量分析，对在矿山压力作用下岩层强度变化特征等相关性研究有重要的参考意义。

根据 3 个矿井的现场实测结果，将 3 个矿井岩层密度分布情况分别列出进行分析讨论，表 4-1～表 4-3 分别是 3 个矿井岩层密度分布情况。

表 4-1 为补连塔煤矿岩层密度分布表。由表 4-1 可知，地层密度分布范围为 $1264\sim2492\text{kg/m}^3$，整个地层岩石密度并没有随着深度的增加呈现明显增加的趋势，岩层密度分布有一定的差异性，说明岩层沉积时期与成岩条件导致了岩层致密程度的差异。按照煤层和岩层分开统计，3 个煤层的平均密度为 1355kg/m^3，标准差为 118.0，离散系数为 10.7%；岩层的平均密度为 2371kg/m^3，标准差为 112.7，离散系数为 4.8%，根据两者的离散系数可知，煤层、岩层密度变化幅度基本不大，相比之下，岩层变化幅度更小，离散程度更小，不同岩层的致密程度相差不大。从表 4-1 可以看出煤层顶板的差异性不是很大，对于 1-1 煤和 2-2 煤来说，直接顶密度均为 2400kg/m^3 左右，差异性不大，但是 1-2 煤直接顶为 2480kg/m^3 左右，明显高于 1-1 煤和 2-2 煤直接顶密度，再次印证了岩层密度的差异性，也说明致密程度的差异可能导致 2-2 煤和 1-2 煤顶板力学性质要差一些。

表 4-2 为大柳塔煤矿岩层密度分布表。由表 4-2 可知，地层密度分布范围为 $1984\sim2615\text{kg/m}^3$，平均密度为 2357kg/m^3，标准差为 120.2，离散系数为 5.1%，

表 4-1　朴连塔煤矿岩层层密度分布表

地层系统			层号	埋深/m	厚度/m	岩性	取样深度/m			密度/(kg/m^3)				
系	统	组					试样1	试样2	试样3	试样1	试样2	试样3	平均值	标准差
第四系(Q)		Q_4	1	6.42	6.42	风积砂	—	—	—	—	—	—	—	—
白垩系(K)		志丹群(K_1zh)	2	12.00	5.58	粗粒砂岩	—	—	—	—	—	—	—	—
侏罗系(J)	中统	直罗组(J_2z)	3	15.50	3.50	砂质泥岩	14.82	14.94	15.40	2027	2062	2193	2094	88
			4	17.92	2.42	泥岩	16.32	16.44	16.61	2385	2390	2423	2399	21
			5	20.30	2.38	砂质泥岩	18.80	19.32	19.44	2416	2398	2610	2475	118
			6	21.36	1.06	中粒砂岩	20.42	20.67	20.82	2103	2142	2290	2178	99
			7	24.35	2.99	砂质泥岩	21.58	22.87	23.66	2308	2317	2365	2330	31
			8	25.20	0.85	细粒砂岩	24.46	24.58	24.70	2255	2272	2417	2315	89
			9	27.34	2.14	砂质泥岩	25.65	26.01	26.22	2374	2481	2376	2410	61
			10	29.70	2.36	泥岩	27.71	27.84	28.15	2446	2484	2527	2486	41
			11	33.63	3.93	砂质泥岩	30.57	31.51	31.63	2479	2398	2326	2401	77
			12	34.75	1.12	1-1煤	33.69	33.98	33.42	1460	1583	1523	1522	62
侏罗系(J)	中下统	延安组($J_{1-2}y$)	13	45.90	11.15	中粒砂岩	36.51	36.99	37.35	2415	2439	2525	2488	36
							39.32	39.93	40.71	2515	2499	2504		
							42.30	42.97	43.71	2500	2495	2502		
			14	46.90	1.00	砂质泥岩	45.90	45.97	46.05	2502	2529	2444	2492	43
			15	47.87	0.97	中粒砂岩	47.12	47.66	47.78	2586	2388	2479	2484	99
			16	53.39	5.52	1-2煤	48.37	48.87	49.70	1250	1295	1295	1280	19
							51.28	51.96	52.98	1278	1267	1296		

续表

| 地层系统 | | | 层号 | 埋深/m | 厚度/m | 岩性 | 取样深度/m | | | 密度(kg/m³) | | | | |
系	统	组					试样1	试样2	试样3	试样1	试样2	试样3	平均值	标准差
侏罗系 (J)	中下统	延安组 (J₁₋₂y)	17	57.36	3.97	砂质泥岩	54.76	55.35	55.83	2368	2347	2288	2334	41
			18	60.26	2.90	细粒砂岩	58.39	58.71	59.21	2348	2377	2265	2330	58
			19	90.14	29.88	中粒砂岩	60.37	61.02	61.97	2212	2186	2228	2167	51
							66.42	67.69	68.42	2128	2122	2098		
							81.16	81.70	83.50	2114	2188	2226		
			20	91.90	1.76	砂质泥岩	90.36	90.48	90.60	2349	2401	2424	2391	38
			21	99.37	7.47	2-2煤	92.77	93.41	96.40	1229	1268	1247	1264	31
							97.18	97.93	98.05	1254	1269	1319		
			22	102.12	2.75	泥岩	100.51	100.62	100.77	2423	2396	2384	2401	20
			23	105.40	3.28	砂质泥岩	102.12	102.56	102.85	2533	2343	2347	2408	109
			24	106.90	1.50	细粒砂岩	105.62	105.74	105.80	2546	2390	2421	2452	83
			25	108.10	1.20	泥岩	107.34	107.46	107.60	2413	2405	2356	2391	31

表 4-2 大柳塔煤矿岩层密度分布表

| 地层系统 | | | 层号 | 埋深/m | 厚度/m | 岩性 | 取样深度/m | | | 密度(kg/m³) | | | | |
系	统	组					试样1	试样2	试样3	试样1	试样2	试样3	平均值	标准差
第四系 (Q)		Q₄	1	10.90	10.90	风积砂	—	—	—	—	—	—	—	—
			2	21.90	11.00	黄土	—	—	—	—	—	—	—	—
侏罗系 (J)	中统	直罗组 (J₂z)	3	26.50	4.60	砂质泥岩	22.58	22.60	22.72	2281	2320	2270	2290	26
			4	27.90	1.40	粉砂岩	26.50	26.85	26.98	2273	2311	2347	2310	37

续表

地层系统 系	统	组	层号	埋深/m	厚度/m	岩性	取样深度/m 试样1	试样2	试样3	密度/(kg/m³) 试样1	试样2	试样3	平均值	标准差
侏罗系 (J)	中统	直罗组 (J₂z)	5	30.42	2.52	砂质泥岩	30.07	—	—	2287	—	—	2287	—
			6	31.62	1.20	粉砂岩	30.42	30.54	31.00	2293	2254	2339	2295	43
			7	32.37	0.75	砂质泥岩	31.62	31.82	31.94	2358	2328	2301	2329	29
			8	33.46	1.09	煤	—	—	—	—	—	—	—	—
			9	37.58	4.12	泥岩	34.26	34.38	34.53	2307	2320	2306	2311	8
			10	39.32	1.74	粉砂岩	37.64	37.76	37.88	2265	2246	2212	2241	27
			11	45.58	6.26	砂质泥岩	39.49	39.61	39.73	2283	2279	2251	2271	17
	中下统	延安组 (J₁₋₂y)	12	59.72	14.14	粗粒砂岩	49.92	50.04	50.43	1993	2017	1942	1984	38
			13	64.12	4.40	中粒砂岩	59.72	59.84	59.96	2192	2134	2081	2136	56
			14	67.23	3.11	砂质泥岩	64.12	64.56	64.68	2411	2310	2312	2344	58
			15	67.50	0.27	3-2煤	—	—	—	—	—	—	—	—
			16	69.38	1.88	粗粒砂岩	69.05	—	—	2372	—	—	2372	—
			17	69.49	0.11	煤	—	—	—	—	—	—	—	—
			18	70.72	1.23	细粒砂岩	69.38	69.52	69.74	2167	2291	2209	2222	63
			19	74.00	3.28	砂质泥岩	70.72	70.84	70.96	2320	2316	2319	2318	2
			20	75.52	1.52	细粒砂岩	74.00	74.12	74.24	2613	2634	2597	2615	19
			21	75.79	0.27	煤	—	—	—	—	—	—	—	—
			22	76.01	0.22	煤	—	—	—	—	—	—	—	—
			23	84.00	7.99	粉砂岩	75.52	75.64	75.97	2366	2358	2399	2374	22
			24	86.47	2.47	砂质泥岩	84.22	—	—	2405	—	—	2405	—

续表

| 地层系统 | | | 层号 | 埋深/m | 厚度/m | 岩性 | 取样深度/m | | | 密度/(kg/m³) | | | | |
系	统	组					试样1	试样2	试样3	试样1	试样2	试样3	平均值	标准差
侏罗系 (J)	中下统	延安组 (J₁₋₂y)	25	87.02	0.55	粉砂岩	86.47	87	86.75	2337	2294	2318	2316	22
			26	88.7	1.68	砂质泥岩	87.22	—	—	2363	—	—	2363	0
			27	91.52	2.82	粉砂岩	—	—	—	—	—	—	—	—
			28	91.68	0.16	煤	—	—	—	—	—	—	—	—
			29	93.61	1.93	砂质泥岩	90.75	—	—	2606	—	—	2606	—
			30	93.82	0.21	煤	—	—	—	—	—	—	—	—
			31	94.1	0.28	泥岩	—	—	—	—	—	—	—	—
			32	94.28	0.18	煤	—	—	—	—	—	—	—	—
			33	97.65	3.37	细粒砂岩	93.78	96.22	96.43	2355	2265	2339	2320	48
			34	97.84	0.19	煤	—	—	—	—	—	—	—	—
			35	100.72	2.88	砂质泥岩	—	—	—	—	—	—	—	—
			36	102.17	1.45	粉砂岩	—	—	—	—	—	—	—	—
			37	108.85	6.68	泥质粉砂岩	102.20	102.46	102.96	2375	2421	2426	2407	28
			38	109.02	0.17	煤	—	—	—	—	—	—	—	—
			39	110.25	1.23	细粒砂岩	108.87	109.05	109.17	2220	2219	2253	2231	19
			40	110.86	0.61	4-2煤	—	—	—	—	—	—	—	—
			41	114.82	3.96	泥岩	112.12	112.24	112.91	2415	2239	2366	2340	91
			42	118.72	3.9	细粒砂岩	117.02	117.14	117.25	2248	2243	2260	2250	9
			43	119.41	0.69	4-3煤	—	—	—	—	—	—	—	—
			44	121.82	2.41	细粒砂岩	120.26	120.38	120.60	2469	2426	2374	2423	48

续表

地层系统			层号	埋深/m	厚度/m	岩性	取样深度/m			密度/(kg/m³)				
系	统	组					试样 1	试样 2	试样 3	试样 1	试样 2	试样 3	平均值	标准差
侏罗系 (J)	中下统	延安组 ($J_{1-2}y$)	45	123.69	1.87	砂质泥岩	122.33	122.45	122.57	2408	2448	2424	2427	20
			46	124.29	0.6	细粒砂岩	123.69	123.81	123.93	2425	2391	2401	2406	17
			47	125.40	1.11	粉砂岩	124.71	124.83	125.18	2386	2392	2417	2398	16
			48	126.25	0.85	砂质泥岩	—	—	—	—	—	—	—	—
			49	126.95	0.7	细粒砂岩	—	—	—	—	—	—	—	—
			50	129.12	2.17	砂质泥岩	126.50	127.15	127.56	2452	2442	2432	2442	10
			51	135.47	6.35	粉砂岩	129.12	129.24	129.34	2451	2481	2511	2481	30
			52	140.15	4.68	中粒砂岩	135.47	135.59	135.71	2267	2337	2356	2320	47
			53	140.22	0.07	煤	—	—	—	—	—	—	—	—
			54	141.06	0.84	粉砂岩	140.15	140.63	140.79	2448	2381	2449	2426	39
			55	141.21	0.15	煤	—	—	—	—	—	—	—	—
			56	144.75	3.54	砂质泥岩	141.93	142.39	144.09	2470	2486	2490	2482	11
			57	175.62	30.87	细粒砂岩	146.86	147.02	147.14	2322	2285	2319	2309	21
			58	176.22	0.60	粉砂岩	175.83	175.95	—	2382	2443	—	2413	43
			59	176.92	0.70	中粒砂岩	176.57	176.69	176.81	2257	2253	2266	2259	7
			60	179.33	2.41	粉砂岩	176.92	177.56	177.68	2447	2442	2419	2436	15
			61	187.02	7.69	5-2 煤	—	—	—	—	—	—	—	—
			62	190.6	3.58	粉砂岩	187.84	187.96	188.08	2439	2473	2478	2463	21
			63	193.42	2.82	砂质泥岩	190.06	190.82	191.29	2463	2473	2480	2472	9
			64	197.82	4.40	粉砂岩	194.52	194.65	194.82	2491	2523	2582	2532	46

表 4-3　布尔台煤矿岩层岩层密度分布表

系	统	组	层号	埋深/m	厚度/m	岩性	取样深度/m 试样1	试样2	试样3	密度/(kg/m³) 试样1	试样2	试样3	平均值	标准差
第四系(Q)		Q_4	1	57.00	57.00	黄土								
白垩系(K)	下统	志丹群(K_1zh)	2	97.12	40.12	含砾粗砂岩	59.06	59.18	59.30	2420	2420	2445	2428	14
			3	109.32	12.20	细粒砂岩	105.98	106.36	—	2261	2243	2171	2252	13
			4	114.12	4.80	粗粒砂岩	109.32	109.66	110.05	2224	2193	2171	2196	27
			5	116.72	2.60	粉砂岩	115.54	115.66	115.88	2131	2293	2156	2193	87
			6	117.52	0.80	细粒砂岩								—
			7	121.22	3.70	粗粒砂岩	117.62	117.77	117.17	1965	2024	2016	2002	32
			8	125.22	4.00	细粒砂岩	122.97	123.48	—	2028	2134	—	2081	75
			9	126.02	0.80	含砾粗砂岩	125.22	125.38	—	2252	2033	—	2143	155
			10	128.52	2.50	含砂泥岩								—
			11	132.02	3.52	粉砂岩	128.76	129.55	131.73	2305	2227	2403	2312	88
			12	133.92	3.90	粉砂质泥岩	132.14	132.76	—	2319	2280	—	2300	28
			13	135.20	1.28	粉砂岩	133.92	134.58	134.70	2249	2487	2391	2376	120
			14	137.47	2.27	黏土页岩	135.20	—	—	2355	—	—	2355	—
			15	140.50	3.05	中粒砂岩	138.14	139.16	139.28	2243	1986	1984	2071	149
侏罗系(J)	中统	安定组(J_2a)	16	144.72	7.25	含砾粗砂岩	141.12	141.32	141.44	2078	1894	1909	1960	102
			17	145.82	1.10	黏土页岩	144.97	—	—	2417	—	—	2417	—
			18	148.42	2.60	砂质泥岩	145.82	145.94	147.39	2392	2401	2347	2380	29
			19	151.12	2.70	粉砂岩	148.42	148.10	149.67	2343	2198	2400	2314	104
			20	155.92	4.80	砂质泥岩	151.12	151.27	151.64	2328	2268	2202	2266	63

续表

地层系统			层号	埋深/m	厚度/m	岩性	取样深度/m			密度/(kg/m³)				
系	统	组					试样 1	试样 2	试样 3	试样 1	试样 2	试样 3	平均值	标准差
侏罗系 (J)	中统	安定组 (J₂a)	21	161.62	5.70	细粒砂岩	155.92	156.09	156.20	2129	2068	2074	2090	34
			22	169.22	7.60	砂质泥岩	162.96	163.08	163.20	2334	2362	2356	2351	15
			23	173.92	4.70	粉砂岩	169.22	169.76	169.89	2053	2047	2093	2064	25
			24	177.27	3.35	中粒砂岩	175.22	175.67	176.92	2034	2045	2069	2049	18
			25	199.32	22.05	砂质泥岩	178.75	179.92	181.27	2426	2402	2331	2386	49
			26	200.82	1.50	细粒砂岩	199.32	200.12	—	2193	2322	—	2258	91
			27	202.02	1.20	泥岩	200.96	—	—	2359	—	—	2359	—
		直罗组 (J₂z)	28	203.22	1.20	粉砂岩	202.02	202.18	202.30	2326	2360	2363	2350	21
			29	206.22	3.10	砂质泥岩	203.22	203.52	—	2314	2325	—	2320	8
			30	219.82	13.50	中粒砂岩	209.43	212.47	216.39	2028	2057	2028	2038	17
			31	220.77	0.95	泥岩	—	—	—	—	—	—	—	—
			32	221.22	0.45	砂质泥岩	—	—	—	—	—	—	—	—
			33	228.22	7.00	粗粒砂岩	221.62	—	—	2107	—	—	2107	—
			34	231.80	3.60	砂质泥岩	228.22	228.47	230.12	2373	2409	2374	2385	21
			35	233.42	1.60	细粒砂岩	231.82	231.94	232.06	2359	2374	2255	2329	65
			36	239.92	6.50	砂质泥岩	233.62	233.95	243.07	2325	2399	2378	2367	38
			37	245.12	5.20	粗粒砂岩	240.68	242.87	—	1973	1968	—	1971	4
			38	248.52	3.40	砂质泥岩	—	—	—	—	—	—	—	—
			39	254.42	5.90	泥质砂岩	251.52	251.63	251.86	2344	2372	2311	2342	31
			40	263.52	9.10	细粒砂岩	254.79	255.04	255.17	2021	1974	1995	1997	24
			41	284.22	20.70	粗粒砂岩	263.52	263.72	266.72	2061	2256	1968	2095	147

续表

地层系统			层号	埋深/m	厚度/m	岩性	取样深度/m			密度/(kg/m³)				
系	统	组					试样 1	试样 2	试样 3	试样 1	试样 2	试样 3	平均值	标准差
侏罗系 (J)	中下统	延安组 (J₁₋₂y)	42	284.52	0.30	粗粒砂岩	—	—	—	—	—	—	—	—
			43	284.72	0.20	泥岩	—	—	—	—	—	—	—	—
			44	285.32	0.60	1-2 ⊥煤	—	—	—	—	—	—	—	—
			45	286.17	0.85	泥岩	—	—	—	—	—	—	—	—
			46	288.62	2.45	砂质泥岩	285.80	285.92	286.20	2450	2472	2372	2431	53
			47	289.32	0.70	含砾粗砂岩	—	—	—	—	—	—	—	—
			48	293.82	4.50	中粒砂岩	288.10	288.34	288.46	2381	2368	2349	2366	16
			49	294.02	0.20	煤	—	—	—	—	—	—	—	—
			50	295.82	1.80	粗粒砂岩	—	—	—	—	—	—	—	—
			51	298.92	3.10	砂质泥岩	296.30	296.52	286.20	2286	2296	2372	2291	7
			52	300.65	1.73	中粒砂岩	298.92	299.04	—	2296	2302	—	2299	4
			53	301.22	0.57	1-2 煤	—	—	—	—	—	—	—	—
			54	302.13	0.91	砂质泥岩	—	—	—	—	—	—	—	—
			55	303.13	1.00	细粒砂岩	302.42	—	—	2323	—	—	2323	—
			56	303.30	0.17	煤	—	—	—	—	—	—	—	—
			57	308.42	5.12	砂质泥岩	305.42	—	—	2417	—	—	2417	—
			58	314.92	6.50	中粒砂岩	308.42	308.80	308.92	2222	2253	2263	2246	21
			59	332.52	17.60	粗粒砂岩	314.92	315.07	315.31	2331	2342	2354	2342	12
			80	360.05	0.35	煤	—	—	—	—	—	—	—	—
			81	361.44	1.39	中粒砂岩	360.12	360.26	360.38	2185	2261	2252	2233	42
			82	361.68	0.24	煤	—	—	—	—	—	—	—	—

续表

地层系统			层号	埋深/m	厚度/m	岩性	取样深度/m			密度/(kg/m³)				
系	统	组					试样 1	试样 2	试样 3	试样 1	试样 2	试样 3	平均值	标准差
侏罗系 (J)	中下统	延安组 (J₁₋₂y)	83	361.81	0.13	泥岩	361.68	—	—	2369	—	—	2369	—
			84	361.92	0.11	煤	—	—	—	—	—	—	—	—
			85	363.07	1.15	粉砂岩	361.81	362.05	—	2278	2407	—	2343	91
			86	363.39	0.32	2-2 煤	—	—	—	—	—	—	—	—
			87	363.65	0.26	砂质泥岩	363.24	—	—	2111	—	—	2111	—
			88	366.56	2.91	粗粒砂岩	363.65	363.77	363.94	2232	2239	2258	2243	13
			89	366.70	0.14	砂质泥岩	—	—	—	—	—	—	—	—
			90	367.42	0.72	细粒砂岩	—	—	—	—	—	—	—	—
			91	378.32	10.90	砂质泥岩	367.42	367.92	368.25	2363	2283	2316	2321	40
			92	415.42	37.10	粉砂岩	381.66	381.78	381.90	2337	2339	2307	2328	18
			93	419.73	4.31	砂质泥岩	416.03	416.17	417.02	2403	2398	2407	2403	5
			94	426.29	6.56	4-2 煤	—	—	—	—	—	—	—	—
			95	428.43	1.98	粗粒砂岩	426.38	426.50	426.56	2151	2201	2343	2232	100
			96	428.43	0.16	煤	—	—	—	—	—	—	—	—
			97	430.42	1.99	细粒砂岩	427.08	427.20	427.32	2277	2303	2322	2301	23
			98	432.02	1.60	中粒砂岩	429.38	429.55	429.70	2315	2253	2335	2301	43
			99	436.80	4.78	粉砂岩	432.02	432.14	432.25	2414	2395	2339	2383	39
			100	437.62	0.82	粗粒砂岩	435.03	435.13	435.23	2295	2263	2297	2285	19

根据两者的离散系数可知，整个地层并没有出现随着埋深的增加，岩层密度也随之明显增加的趋势，岩层密度分布有一定的差异性，说明岩层沉积时期与成岩条件导致了岩石致密程度的差异。为了弄清楚地层密度跟沉积时期的关系，按照沉积时期地层统计：直罗组岩层平均密度为 2292kg/m^3，标准差为 27.1；延安组岩层平均密度为 2372kg/m^3，标准差为 124.8，说明直罗组岩石密度差异较小，致密程度相差不大，延安组岩石密度则相对来说差异较大，致密程度也有较大的变化范围，并且随着沉积时间越久远，密度有增加的趋势。从表 3-2 中可以看出煤层顶板密度的差异性不是很大，对于不同煤层来说，一般均有煤层顶板密度略微大于煤层底板密度的现象，再次印证了岩层密度的差异性。

表 4-3 为布尔台煤矿岩层密度分布表。由表 4-3 可知，地层密度分布范围为 1960～2431kg/m^3，同时某些煤岩体在取样过程中比较破碎，所以导致某些煤岩层密度数据缺失。通过观察可知，煤和岩石本身的物理属性差别较大，岩层的平均密度为 2258kg/m^3，标准差为 132.2，离散系数为 5.8%，根据离散系数可知，岩层密度变化幅度基本不大，离散程度较小，可以推断不同岩层的致密程度差异性不大，并且整个地层并没有出现随着深度的增加，岩层密度也随之呈明显的增加趋势，为了更好地弄清这种关系，按照沉积时期地层统计：志丹群岩层平均密度为 2226kg/m^3，标准差为 134；安定组岩层平均密度为 2228kg/m^3，标准差为 169.5；直罗组岩层平均密度为 2224kg/m^3，标准差为 157；延安组岩层平均密度为 2313kg/m^3，标准差为 74.4。通过计算分析，除了直罗组外，按照沉积时期的组别划分，岩层密度整体上有增大的趋势，并且随着沉积时期越久远，同一组别的岩石的差异性更大，表现出明显的非均质性，可能是成岩环境和岩石颗粒差异造成的。因此，更加说明岩层密度分布虽然有一定的差异性，但是岩层沉积时期与成岩条件导致了岩层致密程度的差异。从表 4-3 中可以看出煤层顶板的差异性不是很大，对于不同煤层来说，一般均有煤层顶板密度略微大于煤层底板密度的现象，再次印证了岩层密度的差异性。

4.2　神东矿区岩石波速测试分析

波是一种运动形式，是运动物质的基本属性之一，而声波既是物质运动的一种形式，也是一种能量。它由物质的机械运动或者振动而产生，在介质中质点以扰动形态通过彼此的相互作用将振动由近及远地传播。矿井下的岩石可以认为是弹性介质，在声振动作用下能产生弹性形变，所以岩石既能传播质点运动方向与传播方向平行的纵波，又能传播质点运动方向与传播方向垂直的横波，而岩体声波速度测试正是将声波在岩体中的传播特性与岩石物理力学特征紧密联系,通过测定声波在岩体中的传播特性——速度参数,为评价工程岩体力学性质提供依据(尤明庆,2007)。国外的一些研究已经表明,声波与岩石波速、岩石硬度、岩石抗压强度存在着较好的相关关系(赵明阶和吴得伦,2000)。

根据 3 个矿井的现场实测结果,将 3 个矿井岩层波速分布情况分别列出进行分析讨论,表 4-4～表 4-6 分别是 3 个矿井的岩层波速分布表。

表 4-4 为补连塔煤矿岩层波速分布表。1-1 煤比较破碎,无法加工成试样,所以波速无法进行测量。由表 4-4 可知,岩层波速分布范围为 837～3238m/s,差异性较大,岩层平均波速为 1911m/s,标准差为 543.5,离散系数为 27.2%,说明岩层波速离散程度较大,与岩石沉积顺序无明显的相关性,相比密度分布特征,离散程度更大,但是 1-2 煤和 2-2 煤波速差别不是很大,差异性较小。

表 4-5 为大柳塔煤矿岩层波速分布表。煤层比较破碎,无法加工成试样,所以波速无法进行测量。由表 4-5 可知,整个地层速度分布范围为 1356～4570m/s,差异性较大,岩层平均波速为 2314m/s,标准差为 632.3,离散系数为 27.3%,说明岩层波速离散程度较大。按照沉积时期进行分类,直罗组岩层平均波速为 1768m/s,标准差为 232.7,延安组岩层平均波速为 2446m/s,标准差为 628.8,说明两个沉积时期的离散程度都比较大,不同岩层的差异性还是相当大的,但是,从整体趋势来看,延安组岩石波速呈现逐渐增大的趋势,直罗组岩石波速分布则无明显规律。岩石波速分布特征相比岩石密度分布特征,离散程度更大,差异性也更大。

表 4-6 为布尔台煤矿岩层波速分布表。煤层取样比较破碎,无法加工成试样,所以波速无法进行测量。由表 4-6 可知,地层波速分布范围为 483～4163m/s,分布范围十分广泛,岩层平均波速为 1644m/s,标准差为 836.2,离散系数为 50.9%。按照沉积时期分类,志丹群岩层平均波速为 1007m/s,标准差为 371;安定组岩层平均波速为 1172m/s,标准差为 628;直罗组岩层平均波速为 1324m/s,标准差为 417;延安组岩层的平均波速为 2445m/s,标准差为 810.7,从上述分析可以看出,随着地层沉积时期越久远,岩层波速越高,说明岩层成岩过程中压实作用越完整,内部变得越致密,孔隙、裂隙闭合。尤其是延安组岩层,相比于相邻时期的直罗组,波速增加了近 1 倍,差异性十分明显。但是由表 4-6 可以看出,直罗组和延安组密度基本相同,说明单纯参考密度指标对于岩石内部构造还是不太具有代表性,只能作为一个辅助指标。

表 4-4　补连塔煤矿岩层波速分布表

地层系统			层号	埋深/m	厚度/m	岩性	取样深度/m			波速/(m/s)				
系	统	组					试样1	试样2	试样3	试样1	试样2	试样3	平均值	标准差
第四系(Q)		Q_4	1	6.42	6.42	风积砂	—	—	—	—	—	—	—	—
白垩系(K)		志丹群(K_1zh)	2	12.00	5.58	粗粒砂岩	—	—	—	1107	1058	1124	1096	34
侏罗系(J)	中统	直罗组(J_2z)	3	15.50	3.50	砂质泥岩	14.82	14.94	15.10	867	806	—	837	43
			4	17.92	2.42	泥岩	16.32	16.44	—	3249	3219	3246	3238	17
			5	20.30	2.38	砂质泥岩	18.80	19.32	19.44	1572	—	—	1572	0
			6	21.36	1.06	中粒砂岩	20.42	—	—	1725	1747	1720	1731	14
			7	24.35	2.99	砂质泥岩	21.58	22.87	23.66	1846	1821	1811	1826	18
			8	25.20	0.85	细粒砂岩	24.46	24.58	25.00	1691	1893	1714	1766	111
	中下统	延安组($J_{1-2}y$)	9	27.34	2.14	砂质泥岩	25.65	26.01	26.22	—	—	—	—	—
			10	29.70	2.36	泥岩	27.71	—	—	1815	—	—	1815	—
			11	33.63	3.93	砂质泥岩	30.57	31.51	31.63	2206	2296	2150	2217	74
			12	34.75	1.12	1-1煤	—	—	—	—	—	—	—	—
			13	45.90	11.15	中粒砂岩	36.51	36.99	37.35	2294	2476	2461	2509	104
							39.32	39.93	40.71	2644	2535	2527		
							42.30	42.97	—	2558	2576	—		
			14	46.90	1.00	砂质泥岩	45.90	—	—	2343	—	—	2343	0
			15	47.87	0.97	中粒砂岩	47.12	47.66	47.78	2162	2215	2070	2149	73
			16	53.39	5.52	1-2煤	48.37	48.87	49.70	1096	1077	1203	1125	68
			17	57.36	3.97	砂质泥岩	54.76	55.35	55.83	1868	1899	2022	1930	81

续表

系	统	组	层号	埋深/m	厚度/m	岩性	取样深度/m 试样 1	试样 2	试样 3	波速/(m/s) 试样 1	试样 2	试样 3	平均值	标准差
侏罗系 (J)	中下统	延安组 (J₁₋₂y)	18	60.26	2.90	细粒砂岩	58.39	58.71	59.21	1893	1883	1925	1900	22
			19	90.14	29.88	中粒砂岩	60.37	61.02	61.97	1921	2008	1937	1924	54
							66.42	67.69	68.42	1908	1939	1970		
							81.16	81.70	—	1867	1840	—		
			20	91.90	1.76	砂质泥岩	90.36	90.48	90.60	2161	2118	2087	2122	37
			21	99.37	7.47	2-2 煤	93.41	96.40	96.81	1091	1066	1097	1168	148
			22	102.12	2.75	泥岩	97.08	97.93	98.05	1078	1232	1444	2491	89
			23	105.40	3.28	砂质泥岩	100.51	100.62	100.77	2417	2590	2467	2469	11
			24	1.50	106.90	细粒砂岩	102.12	102.56	102.85	2470	2479	2457		
			25	1.20	108.10	泥岩								

表 4-5　大柳塔煤矿岩层波速分布表

系	统	组	层号	埋深/m	厚度/m	岩性	取样深度/m 试样 1	试样 2	试样 3	波速/(m/s) 试样 1	试样 2	试样 3	平均值	标准差
第四系 (Q)		Q₄	1	10.90	10.90	风积砂	—	—	—	—	—	—	—	—
			2	21.90	11.00	黄土	—	—	—	—	—	—	—	—
侏罗系 (J)	中统	直罗组 (J₂z)	3	26.50	4.60	砂质泥岩	22.58	22.60	22.72	1316	1370	1382	1356	35
			4	27.90	1.40	粉砂岩	26.50	26.85	26.98	1494	1629	1637	1587	80
			5	30.42	2.52	砂质泥岩	30.07	—	—	1620	—	—	1620	—

续表

系	统	组	层号	埋深/m	厚度/m	岩性	取样深度/m 试样1	试样2	试样3	波速/(m/s) 试样1	试样2	试样3	平均值	标准差
侏罗系(J)	中统	直罗组(J_2z)	6	31.62	1.20	粉砂岩	30.42	30.54	31.00	1807	1847	1769	1808	39
			7	32.37	0.75	砂质泥岩	31.62	31.82	31.94	1801	1839	2019	1886	116
			8	33.46	1.09	煤	—	—	—	—	—	—	—	—
			9	37.58	4.12	泥岩	34.26	34.38	34.53	1933	1947	1898	1926	25
			10	39.32	1.74	粉砂岩	37.64	37.76	38.58	1838	1902	1880	1873	33
			11	45.58	6.26	砂质泥岩	39.49	39.61	39.73	2049	2122	2095	2089	37
			12	59.72	14.14	粗粒砂岩	49.92	50.04	50.43	1543	1302	1386	1410	122
			13	64.12	4.40	中粒砂岩	59.72	59.84	59.96	1512	1457	1545	1505	44
			14	67.23	3.11	砂质泥岩	64.12	64.56	64.68	2337	2308	2350	2332	22
			15	67.50	0.27	3-2煤	—	—	—	—	—	—	—	—
	中下统	延安组($J_{1-2}y$)	16	69.38	1.88	粗粒砂岩	69.05	—	—	2162	—	—	2162	0
			17	69.49	0.11	煤	—	—	—	—	—	—	—	—
			18	70.72	1.23	细粒砂岩	69.38	69.52	70.34	2543	2474	2479	2499	38
			19	74.00	3.28	砂质泥岩	70.72	70.84	70.96	2432	2439	2359	2410	44
			20	75.52	1.52	细粒砂岩	74.00	74.12	74.24	4739	4489	4483	4570	146
			21	75.79	0.27	砂质泥岩	—	—	—	—	—	—	—	—
			22	76.01	0.22	煤	—	—	—	—	—	—	—	—
			23	84.00	7.99	粉砂岩	75.52	75.64	75.97	2477	2468	2518	2488	27
			24	86.47	2.47	砂质泥岩	84.22	—	—	2161	—	—	2161	—
			25	87.02	0.55	粉砂岩	86.47	87	86.75	2339	2401	2276	2339	63

续表

地层系统			层号	埋深/m	厚度/m	岩性	取样深度/m			波速 (m/s)				
系	统	组					试样 1	试样 2	试样 3	试样 1	试样 2	试样 3	平均值	标准差
侏罗系 (J)	中下统	延安组 (J₁₋₂y)	26	88.70	1.68	砂质泥岩	87.22	—	—	1878	—	—	1878	—
			27	91.52	2.82	粉砂岩	—	—	—	—	—	—	—	—
			28	91.68	0.16	煤	—	—	—	—	—	—	—	—
			29	93.61	1.93	砂质泥岩	90.75	—	—	4190	—	—	4190	—
			30	93.82	0.21	煤	—	—	—	—	—	—	—	—
			31	94.10	0.28	泥岩	—	—	—	—	—	—	—	—
			32	94.28	0.18	煤	—	—	—	—	—	—	—	—
			33	97.65	3.37	细粒砂岩	93.78	96.22	96.43	2414	2381	2392	2396	17
			34	97.84	0.19	煤	—	—	—	—	—	—	—	—
			35	100.72	2.88	砂质泥岩	—	—	—	—	—	—	—	—
			36	102.17	1.45	粉砂岩	—	—	—	—	—	—	—	—
			37	108.85	6.68	泥质粉砂岩	104.20	104.46	104.96	2775	2787	2755	2772	16
			38	109.02	0.17	煤	—	—	—	—	—	—	—	—
			39	110.25	1.23	细粒砂岩	108.87	109.05	109.57	2055	2077	1907	2013	92
			40	110.86	0.61	4-2煤	—	—	—	—	—	—	—	—
			41	114.82	3.96	泥岩	112.12	112.24	113.41	2065	2183	2056	2101	71
			42	118.72	3.9	细粒砂岩	117.02	117.14	117.25	2321	2225	2325	2290	57
			43	119.41	0.69	4-3煤	—	—	—	—	—	—	—	—
			44	121.82	2.41	细粒砂岩	120.26	120.38	120.60	2482	2471	2370	2441	62
			45	123.69	1.87	砂质泥岩	122.33	122.45	122.57	2060	2063	1978	2034	48

续表

| 地层系统 | | | 层号 | 埋深/m | 厚度/m | 岩性 | 取样深度/m | | | 波速/(m/s) | | | | |
系	统	组					试样 1	试样 2	试样 3	试样 1	试样 2	试样 3	平均值	标准差
侏罗系 (J)	中下统	延安组 (J₁₋₂y)	46	124.29	0.60	细粒砂岩	123.69	123.81	123.93	2237	2289	2199	2242	45
			47	125.40	1.11	粉砂岩	124.71	124.83	125.18	2328	2123	2262	2238	105
			48	126.25	0.85	砂质泥岩	—	—	—	—	—	—	—	—
			49	126.95	0.70	细粒砂岩	—	—	—	—	—	—	—	—
			50	129.12	2.17	砂质泥岩	126.50	127.15	127.56	2236	2263	2254	2251	14
			51	135.47	6.35	粉砂岩	129.12	129.24	129.34	2524	2461	2528	2504	38
			52	140.15	4.68	中粒砂岩	135.47	135.59	136.51	1953	1944	1938	1945	8
			53	140.22	0.07	煤	—	—	—	—	—	—	—	—
			54	141.06	0.84	粉砂岩	140.15	140.63	140.79	1820	1866	1928	1871	54
			55	141.21	0.15	煤	—	—	—	—	—	—	—	—
			56	144.75	3.54	砂质泥岩	141.93	142.39	144.09	2262	2339	2135	2245	103
			57	175.62	30.87	细粒砂岩	146.86	147.02	147.34	2279	2310	2411	2333	69
			58	176.22	0.60	粉砂岩	175.83	175.95	—	2377	2656	—	2517	197
			59	176.92	0.70	中粒砂岩	176.57	176.69	176.81	2535	2682	2791	2669	128
			60	179.33	2.41	粉砂岩	176.92	177.56	177.68	2985	2950	2702	2879	154
			61	187.02	7.69	5-2煤	187.84	187.96	188.08	2951	2902	2801	2885	76
			62	190.60	3.58	粉砂岩	190.06	190.82	191.29	2318	3340	3177	2945	549
			63	193.42	2.82	砂质泥岩	—	—	—	—	—	—	—	—
			64	197.82	4.40	粉砂岩	194.52	194.65	194.82	3258	3080	3267	3202	105

表 4-6　布尔台煤矿岩层层波速分布表

地层系统 系	统	组	层号	埋深/m	厚度/m	岩性	取样深度/m 试样1	试样2	试样3	波速/(m/s) 试样1	试样2	试样3	平均值	标准差
第四系(Q)		Q₄	1	57.00	57.00	黄土	—	—	—	—	—	—	—	—
白垩系(K)	下统	志丹群(K₁zh)	2	97.12	40.12	含砾粗砂岩	59.06	59.18	59.30	1286	1240	1477	1334	126
			3	109.32	12.20	细粒砂岩	105.98	106.36	107.42	769	770	752	764	10
			4	114.12	4.80	粗粒砂岩	109.32	109.66	110.05	859	793	802	818	36
			5	116.72	2.60	粉砂岩	114.98	115.80	116.02	1102	1144	1141	1129	23
			6	117.52	0.80	细粒砂岩	—	—	—	—	—	—	—	—
			7	121.22	3.70	粗粒砂岩	117.62	117.77	117.17	749	709	720	726	21
			8	125.22	4.00	细粒砂岩	122.97	—	—	540	—	—	540	—
			9	126.02	0.80	含砾粗砂岩	125.22	125.38	—	725	542	—	634	129
			10	128.52	2.50	含砂泥岩	—	—	—	—	—	—	—	—
			11	132.02	3.52	粉砂岩	128.76	129.55	131.73	1093	1067	1457	1206	218
			12	133.92	3.90	粉砂质泥岩	132.14	132.76	—	1627	1137	—	1382	346
			13	135.20	1.28	粉砂岩	133.92	134.38	134.70	882	1231	1187	1100	190
			14	137.47	2.27	黏土页岩	135.20	—	—	1764	—	—	1764	—
			15	140.50	3.05	中粒砂岩	138.22	139.16	139.28	676	701	694	690	13
			16	144.72	7.25	含砾粗砂岩	141.12	141.32	141.44	499	487	463	483	18
侏罗系(J)	中统	安定组(J₂a)	17	145.82	1.10	黏土页岩	144.97	—	—	1392	—	—	1392	0
			18	148.42	2.60	砂质泥岩	145.82	145.94	147.39	1782	1425	1542	1583	182
			19	151.12	2.70	粉砂岩	148.42	148.10	149.67	1115	1178	1218	1170	52
			20	155.92	4.80	砂质泥岩	151.12	151.27	151.64	1317	1322	1343	1327	14

续表

地层系统 系	统	组	层号	埋深/m	厚度/m	岩性	取样深度/m 试样1	试样2	试样3	波速/(m/s) 试样1	试样2	试样3	平均值	标准差
侏罗系 (J)	中统	安定组 (J₂a)	21	161.62	5.70	细粒砂岩	155.80	156.09	156.20	716	718	748	727	18
			22	169.22	7.60	砂质泥岩	162.96	163.08	163.20	2497	2412	2430	2446	45
			23	173.92	4.70	粉砂岩	169.22	169.76	169.89	421	536	618	525	99
			24	177.27	3.35	中粒砂岩	175.22	175.67	176.92	483	483	550	505	39
			25	199.32	22.05	砂质泥岩	178.90	180.12	181.70	1564	1532	1589	1562	29
			26	200.82	1.50	细粒砂岩	199.32	200.12	—	1182	1349	—	1266	118
			27	202.02	1.20	泥岩	200.96	—	—	856	—	—	856	0
			28	203.22	1.20	粉砂岩	202.02	202.30	202.84	1565	1579	1578	1574	8
			29	206.22	3.10	砂质泥岩	203.22	203.52	—	1460	1422	—	1441	27
			30	219.82	13.50	中粒砂岩	209.43	212.47	216.39	466	488	496	483	16
			31	220.77	0.95	泥岩	—	—	—	—	—	—	—	—
		直罗组 (J₂z)	32	221.22	0.45	砂质泥岩	—	—	—	—	—	—	—	—
			33	228.22	7.00	粗粒砂岩	221.62	229.60	230.12	1458	1677	1654	1458	0
			34	231.80	3.60	砂质泥岩	228.82	229.60	230.12	1622	1677	1654	1651	28
			35	233.42	1.60	细粒砂岩	231.98	232.24	232.86	1427	1501	1436	1455	40
			36	239.92	6.50	砂质泥岩	233.62	233.95	243.07	1548	1593	1580	1574	23
			37	245.12	5.20	粗粒砂岩	240.68	242.87	—	1973	1968	—	1971	4
			38	248.52	3.40	砂质泥岩	246.88	246.94	247.30	1429	1486	1294	1403	99
			39	254.42	5.90	泥质砂岩	251.52	251.63	251.86	1514	1573	1402	1496	87
			40	263.52	9.10	细粒砂岩	254.79	255.04	255.17	736	783	703	741	40
			41	284.22	20.70	粗粒砂岩	263.52	263.72	266.72	1196	1125	1175	1165	36

续表

系	统	组	层号	埋深/m	厚度/m	岩性	取样深度/m 试样1	试样2	试样3	波速(m/s) 试样1	试样2	试样3	平均值	标准差
侏罗系 (J)	中下统	延安组 (J₁₋₂y)	42	284.52	0.30	粗粒砂岩	—	—	—	—	—	—	—	—
			43	284.72	0.20	泥岩	—	—	—	—	—	—	—	—
			44	285.32	0.60	1-2上煤	—	—	—	—	—	—	—	—
			45	286.17	0.85	泥岩	—	—	—	—	—	—	—	—
			46	288.62	2.45	砂质泥岩	285.80	285.92	286.20	4291	4434	3763	4163	353
			47	289.32	0.70	含砾粗砂岩	—	—	—	—	—	—	—	—
			48	293.82	4.50	中粒砂岩	288.10	288.34	288.46	2587	2574	2486	2549	55
			49	294.02	0.20	煤	—	—	—	—	—	—	—	—
			50	295.82	1.80	粗粒砂岩	—	—	—	—	—	—	—	—
			51	298.92	3.10	砂质泥岩	296.30	296.52	—	1910	2024	—	1967	81
			52	300.65	1.73	中粒砂岩	298.92	299.04	299.54	1957	2032	2083	2024	63
			53	301.22	0.57	1-2煤	—	—	—	—	—	—	—	—
			54	302.13	0.91	砂质泥岩	—	—	—	—	—	—	—	—
			55	303.13	1.00	细粒砂岩	302.42	—	—	2054	—	—	2054	0
			56	303.30	0.17	煤	—	—	—	—	—	—	—	—
			57	308.42	5.12	砂质泥岩	303.42	304.12	304.82	1757	2088	2173	2006	220
			58	314.92	6.50	中粒砂岩	308.42	308.80	308.92	1970	1947	1935	1951	18
			59	332.52	17.60	粗粒砂岩	314.92	315.07	315.31	2235	2290	2255	2260	28
			80	360.05	0.35	煤	—	—	—	—	—	—	—	—
			81	361.44	1.39	中粒砂岩	360.12	360.26	360.38	2496	2464	2468	2476	17
			82	361.68	0.24	煤	—	—	—	—	—	—	—	—

续表

| 地层系统 | | | 层号 | 埋深/m | 厚度/m | 岩性 | 取样深度/m | | | 波速/(m/s) | | | | |
系	统	组					试样1	试样2	试样3	试样1	试样2	试样3	平均值	标准差
侏罗系 (J)	中下统	延安组 ($J_{1-2}y$)	83	361.81	0.13	泥岩	361.68	—	—	2623	—	—	2623	0
			84	361.92	0.11	煤	—	—	—	—	—	—	—	—
			85	363.07	1.15	粉砂岩	361.81	362.05	—	2292	2042	—	2167	177
			86	363.39	0.32	2-2煤	—	—	—	—	—	—	—	—
			87	363.65	0.26	砂质泥岩	363.24	—	—	4016	—	—	4016	0
			88	366.56	2.91	粗粒砂岩	363.65	—	—	3592	—	—	3592	0
			89	366.70	0.14	砂质泥岩		—	—	—	—	—	—	—
			90	367.42	0.72	细粒砂岩	—	—	—	—	—	—	—	—
			91	378.32	10.90	砂质泥岩	367.42	367.92	368.25	1636	1672	1674	1661	21
			92	415.42	37.10	粉砂岩	381.66	381.78	381.90	2646	2627	2662	2645	18
			93	419.73	4.31	砂质泥岩	416.03	416.17	417.02	3080	3084	3030	3065	30
			94	426.29	6.56	4-2煤	—	—	—	—	—	—	—	—
			95	428.43	1.98	粗粒砂岩	426.38	426.50	426.56	1707	1538	2343	1863	424
			96	428.43	0.16	煤	—	—	—	—	—	—	—	—
			97	430.42	1.99	细粒砂岩	427.08	427.20	427.32	1702	1703	1722	1709	11
			98	432.02	1.60	中粒砂岩	429.38	429.55	429.70	2306	2139	2404	2283	134
			99	436.80	4.78	粉砂岩	432.02	432.14	432.25	2308	2255	2231	2265	39
			100	437.62	0.82	粗粒砂岩	435.03	435.13	435.23	1921	1893	2191	2002	165

4.3　神东矿区岩石孔隙率测试分析

通常情况下，认为岩石是由岩石骨架、孔隙和裂隙组成，而这种内部形状不规则、大小各异的孔隙结构是岩石在受到外力作用下破裂形态迥异，从而使岩石表现出的力学特征具有一定的离散性及非均质性的原因之一。孔隙率作为岩石内部孔隙体积与岩石总体积(包括孔隙体质)之比，是对岩石内部孔隙结构的发育情况的衡量指标，对岩石水理性质及颗粒之间胶结程度有着重要的影响。因此探明岩石孔隙结构对研究岩石宏观物理性质，以及构建出两者之间的内在关联性，对于解决石油、地质、采矿、土木等工程有着十分重要的意义(杨永明等，2009)。

根据 3 个矿井的实验所测结果，将 3 个矿井岩层孔隙率分布情况分别进行分析，因为布尔台煤矿的岩层十分松散(图 4-1)，水理性质比较差，在水的作用下容易崩解，无法先进行水解后核磁共振实验，所以没有该矿井岩层孔隙率的测试结果，表 4-7 和表 4-8 分别是补连塔煤矿和大柳塔煤矿岩层孔隙率分布情况。

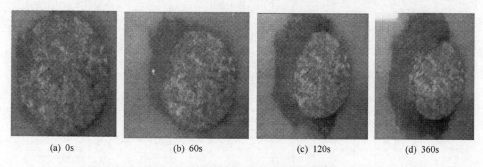

(a) 0s　　　　　　(b) 60s　　　　　　(c) 120s　　　　　　(d) 360s

图 4-1　不同浸泡时间砂岩试样的照片

表 4-7 为补连塔煤矿岩层孔隙率分布表。由表 4-7 可知，对不同岩层进行统计分析，孔隙率的变化范围为 1.40%～8.61%，平均值为 4.53%，标准差为 2.0%，离散系数为 43.3%，说明不同岩层孔隙率差别较大。但是除去一些差异性较大的岩层外，整体孔隙率变化不是很大。由于煤层孔隙率要明显高于岩层孔隙率，孔隙结构较发育的第 3 层砂质泥岩孔隙率为 7.51%，1-2 煤孔隙率约为其 1.9 倍，2-2 煤孔隙率约为其 1.3 倍，说明补连塔煤矿煤层中的孔隙结构十分发育，孔隙、裂隙贯穿现象显著。由表 4-1 可知，1-2 煤和 2-2 煤煤层密度基本一样，波速差别也不大，2-2 煤煤层波速为 1-2 煤煤层波速的 1.04 倍，但是 1-2 煤煤层孔隙率要远远高于 2-2 煤，为其 1.44 倍，说明不同煤层密度和波速的比例关系不能准确地反映岩石内部的发育情况，与实际通过核磁共振实验测得的数据有一定的误差。

表 4-8 为大柳塔煤矿岩层孔隙率分布表。由表 4-8 可知，对不同岩层进行统计分析，孔隙率的变化范围为 1.31%～21.37%，平均值为 7.39%，标准差为 5.0%，离散系数为 67.6%，说明不同岩层孔隙率差别十分大。其中孔隙结构比较发育的情

表 4-7　补连塔煤矿岩层孔隙率分布表

系	统	组	层号	埋深/m	厚度/m	岩性	取样深度/m			孔隙率/%				
							试样1	试样2	试样3	试样1	试样2	试样3	平均值	标准差
第四系(Q)		Q4	1	6.42	6.42	风积砂	—	—	—	—	—	—	—	—
白垩系(K)		志丹群(K1zh)	2	12.00	5.58	粗粒砂岩	—	—	—	—	—	—	—	—
侏罗系(J)	中统	直罗组(J2z)	3	15.50	3.50	砂质泥岩	14.82	14.94	15.40	8.08	8.37	6.08	7.51	1.24
			4	17.92	2.42	泥岩	—	—	—	—	—	—	—	—
			5	20.30	2.38	砂质泥岩	19.32	—	—	1.40	—	—	1.40	0.00
			6	21.36	1.06	中粒砂岩	20.82	—	—	3.91	—	—	3.91	0.00
			7	24.35	2.99	砂质泥岩	21.58	21.78	—	4.38	2.69	—	3.54	1.20
			8	25.20	0.85	细粒砂岩	24.46	24.58	24.70	3.74	3.51	2.99	3.41	0.38
			9	27.34	2.14	砂质泥岩	26.01	26.20	—	3.56	4.13	—	3.85	0.40
			10	29.70	2.36	泥岩	—	—	—	—	—	—	—	—
	中下统	延安组(J1-2y)	11	33.63	3.93	砂质泥岩	32.03	32.20	32.48	3.62	5.36	7.62	5.53	2.01
			12	34.75	1.12	1-1煤	—	—	—	—	—	—	—	—
			13	45.90	11.15	中粒砂岩	36.20	36.99	37.35	4.29	2.87	3.45	3.54	0.71
			14	46.90	1.00	砂质泥岩	45.90	—	—	3.10	—	—	3.10	0.00
			15	47.87	0.97	中粒砂岩	47.42	47.66	—	3.79	3.51	—	3.65	0.20
			16	53.39	5.52	1-2煤	48.47	48.57	48.67	14.66	13.77	14.40	14.28	0.46
			17	57.36	3.97	砂质泥岩	54.42	54.76	—	6.19	4.32	—	5.26	1.32
			18	60.26	2.90	细粒砂岩	58.21	58.39	58.71	9.40	5.99	6.18	7.19	1.91

续表

地层系统			层号	埋深/m	厚度/m	岩性	取样深度/m			孔隙率 %				
系	统	组					试样 1	试样 2	试样 3	试样 1	试样 2	试样 3	平均值	标准差
侏罗系 (J)	中下统	延安组 (J_{1-2}y)	19	90.14	29.88	中粒砂岩	60.37	61.02	61.97	8.87	9.60	7.35	8.61	1.15
			20	91.90	1.76	砂质泥岩	90.36	90.48	90.60	3.02	2.87	2.30	2.73	0.38
			21	99.37	7.47	2-2 煤	92.77	93.41	96.40	9.33	9.64	10.68	9.88	0.70
			22	102.12	2.75	泥岩	—	—	—	—	—	—	—	—
			23	105.40	3.28	砂质泥岩	102.12	102.56	102.85	4.20	4.47	5.65	4.77	0.77
			24	106.90	1.50	细粒砂岩	—	—	—	—	—	—	—	—
			25	108.10	1.20	泥岩	—	—	—	—	—	—	—	—

表 4-8　大柳塔煤矿岩层孔隙率分布表

地层系统			层号	埋深/m	厚度/m	岩性	取样深度/m			孔隙率 %				
系	统	组					试样 1	试样 2	试样 3	试样 1	试样 2	试样 3	平均值	标准差
第四系 (Q)		Q_4	1	10.90	10.90	风积砂	—	—	—	—	—	—	—	—
			2	21.90	11.00	黄土	—	—	—	—	—	—	—	—
侏罗系 (J)	中统	直罗组 (J_{2}z)	3	26.50	4.60	砂质泥岩	22.18	—	—	13.82	—	—	13.82	—
			4	27.90	1.40	粉砂岩	26.85	—	—	5.70	—	—	5.70	—
			5	30.42	2.52	砂质泥岩	—	—	—	—	—	—	—	—
			6	31.62	1.20	粉砂岩	30.42	—	—	4.97	—	—	4.97	—
			7	32.37	0.75	砂质泥岩	—	—	—	—	—	—	—	—
			8	33.46	1.09	煤	—	—	—	—	—	—	—	—

续表

系	地层系统 统	组	层号	埋深/m	厚度/m	岩性	取样深度/m 试样1	试样2	试样3	孔隙率/% 试样1	试样2	试样3	平均值	标准差
侏罗系 (J)	中统	直罗组 (J₂z)	9	37.58	4.12	泥岩	—	—	—	—	—	—	—	—
			10	39.32	1.74	粉砂岩	37.64	37.76	37.88	15.56	11.10	7.20	11.29	4.18
			11	45.58	6.26	砂质泥岩	39.49	39.61	39.73	3.89	6.28	9.61	6.59	2.87
			12	59.72	14.14	粗粒砂岩	52.92	53.04	53.43	20.01	20.22	20.64	20.29	0.32
			13	64.12	4.40	中粒砂岩	59.72	59.84	59.96	13.71	12.89	11.30	12.63	1.23
			14	67.23	3.11	砂质泥岩	64.12	—	—	10.23	—	—	10.23	—
			15	67.50	0.27	3-2煤	—	—	—	—	—	—	—	—
	中下统	延安组 (J₁₋₂y)	16	69.38	1.88	粗粒砂岩	69.05	69.15	—	14.01	13.35	—	13.68	0.47
			17	69.49	0.11	煤	—	—	—	—	—	—	—	—
			18	70.72	1.23	细粒砂岩	69.38	69.52	69.74	10.13	5.31	8.54	7.99	2.45
			19	74.00	3.28	砂质泥岩	—	—	—	—	—	—	—	—
			20	75.52	1.52	细粒砂岩	74.00	74.12	74.24	1.09	1.19	1.66	1.31	0.30
			21	75.79	0.27	砂质泥岩	—	—	—	—	—	—	—	—
			22	76.01	0.22	煤	—	—	—	—	—	—	—	—
			23	84.00	7.99	粉砂岩	75.52	75.74	—	21.42	21.31	—	21.37	0.07
			24	86.47	2.47	砂质泥岩	—	—	—	—	—	—	—	—
			25	87.02	0.55	粉砂岩	—	—	—	—	—	—	—	—
			26	88.7	1.68	砂质泥岩	—	—	—	—	—	—	—	—
			27	91.52	2.82	粉砂岩	—	—	—	—	—	—	—	—

续表

系	统	组	层号	埋深/m	厚度/m	岩性	取样深度/m			孔隙率/%				
							试样 1	试样 2	试样 3	试样 1	试样 2	试样 3	平均值	标准差
侏罗系 (J)	中下统	延安组 (J$_{1-2}$y)	28	91.68	0.16	煤	—	—	—	—	—	—	—	—
			29	93.61	1.93	砂质泥岩	—	—	—	—	—	—	—	—
			30	93.82	0.21	煤	—	—	—	—	—	—	—	—
			31	94.1	0.28	泥岩	—	—	—	—	—	—	—	—
			32	94.28	0.18	煤	—	—	—	—	—	—	—	—
			33	97.65	3.37	细粒砂岩	93.78	96.22	96.43	5.56	4.56	5.89	5.34	0.69
			34	97.84	0.19	煤	—	—	—	—	—	—	—	—
			35	100.72	2.88	砂质泥岩	—	—	—	—	—	—	—	—
			36	102.17	1.45	粉砂岩	—	—	—	—	—	—	—	—
			37	108.85	6.68	泥质粉砂岩	102.20	102.46	103.96	3.04	11.39	4.51	6.31	4.46
			38	109.02	0.17	煤	—	—	—	—	—	—	—	—
			39	110.25	1.23	细粒砂岩	108.87	109.05	109.17	10.60	10.56	6.79	9.32	2.19
			40	110.86	0.61	4-2 煤	—	—	—	—	—	—	—	—
			41	114.82	3.96	泥岩	—	—	—	—	—	—	—	—
			42	118.72	3.90	细粒砂岩	117.02	117.14	117.25	3.89	4.09	8.07	5.35	2.36
			43	119.41	0.69	4-3 煤	—	—	—	—	—	—	—	—
			44	121.82	2.41	细粒砂岩	120.26	120.38	120.60	5.40	5.76	4.69	5.28	0.55
			45	123.69	1.87	砂质泥岩	122.33	122.45	122.57	2.55	2.31	2.76	2.54	0.22
			46	124.29	0.60	细粒砂岩	123.69	123.81	123.93	3.17	3.28	3.06	3.17	0.11

续表

| 地层系统 | | | 层号 | 埋深/m | 厚度/m | 岩性 | 取样深度/m | | | 孔隙率/% | | | | |
系	统	组					试样1	试样2	试样3	试样1	试样2	试样3	平均值	标准差
侏罗系(J)	中下统	延安组($J_{1-2}y$)	47	125.4	1.11	粉砂岩	—	—	—	—	—	—	—	—
			48	126.25	0.85	砂质泥岩	—	—	—	—	—	—	—	—
			49	126.95	0.70	细粒砂岩	—	—	—	—	—	—	—	—
			50	129.12	2.17	砂质泥岩	126.50	127.15	127.56	3.21	2.49	3.82	3.17	0.66
			51	135.47	6.35	粉砂岩	129.12	129.24	129.34	5.94	5.20	6.70	5.95	0.75
			52	140.15	4.68	中粒砂岩	135.47	135.59	135.71	8.21	7.52	7.62	7.78	0.37
			53	140.22	0.07	煤	—	—	—	—	—	—	—	—
			54	141.06	0.84	粉砂岩	140.15	140.63	—	2.29	3.91	—	3.10	1.14
			55	141.21	0.15	煤	—	—	—	—	—	—	—	—
			56	144.75	3.54	砂质泥岩	141.93	142.39	144.09	2.08	1.70	1.52	1.77	0.29
			57	175.62	30.87	细粒砂岩	172.86	173.02	172.14	9.10	9.04	11.44	9.86	1.37
			58	176.22	0.60	粉砂岩	—	—	—	—	—	—	—	—
			59	176.92	0.70	中粒砂岩	176.57	176.69	176.81	7.47	8.10	7.24	7.60	0.44
			60	179.33	2.41	粉砂岩	176.92	177.56	177.68	3.76	2.51	5.42	3.90	1.46
			61	187.02	7.69	5-2煤	—	—	—	—	—	—	—	—
			62	190.6	3.58	粉砂岩	187.84	187.96	188.08	4.81	5.81	5.64	5.42	0.54
			63	193.42	2.82	砂质泥岩	190.06	190.82	191.29	2.71	3.19	—	2.95	0.34
			64	197.82	4.40	粉砂岩	194.52	194.65	194.82	2.81	1.74	1.80	2.12	0.60

况主要集中在浅埋深的砂岩，第 23 层的粉砂岩孔隙率最大为 21.37%，第 12 层的粗粒砂岩次之，为 20.29%，说明埋深较浅煤层成岩过程不是很完整，埋藏压实作用比较差，但是除去这两个孔隙率比较差异性较大的岩层外，整体孔隙率变化不是很大。该矿井岩层密度变化不大，相对于孔隙率来说，波速变化差别也不明显，说明不同岩层密度和波速的比例关系不能准确地反映岩石内部的发育情况，与实际通过核磁共振实验测得的数据有一定的出入。从表 4-8 可以明显看出，即使在同一沉积时期的岩层，岩层孔隙率差异还是很大，说明反映岩石内部孔隙结构最直观的参数与岩石种类和自身的组构关联性更大。

4.4　神东矿区岩石微观结构测试分析

岩石宏观物理力学性质是岩石微观结构最直观的外在体现，因此研究岩石微观结构对分析与解释岩石失稳破坏机理及宏观力学行为有着重要的意义，同时也能进一步加深对弱胶结岩石从微观到宏观全方位的认识(冯文凯等，2009)。而在微观结构中最直观最具有代表性的就是岩石的粒径特征和孔隙特征，因此探明岩石微观结构粒径、孔隙特征对进一步深入地分析与研究岩石微观结构特征，以及构建宏观与微观结构的内在关联性模型有深远的意义。

针对神东矿区赋存较多的典型岩石，如粉砂岩、细粒砂岩、中粒砂岩、粗粒砂岩、砂质泥岩，采用环境扫描电镜进行观测，然后对测量的结果运用 Smileview 专业软件对岩石粒径、孔隙分布特征分别进行测量，进而对岩石微观结构有更加直观地了解，然后运用数学统计的方法对其参数进行统计，分别对岩石颗粒粒径、孔隙大小进行统计，得到岩石粒径分布直方图和孔隙大小分布直方图，如图 4-2 和图 4-3 所示。

从图 4-2 和图 4-3 中发现，在所测量的颗粒中，粉砂岩粒径大小分布十分广泛，分布范围为 21～123μm，平均值为 62.22μm，差异性较大，分布严重不均，但是中等大小的颗粒分布较多，粒径多集中在 40～80μm，占整体的 64.39%，其中分布在 40～60μm 的颗粒最多，占整体的 38.36%。孔隙大小分布范围为 30～123μm，平均值为 40.71μm，相比于粒径大小分布范围明显减小，在孔隙大小分布中大于 25μm 的中大型孔隙占据绝对优势，孔隙大小主要集中在 25～55μm，占整体的 75%，其中孔隙最多的分布在 35～45μm，占整体的 30.77%。

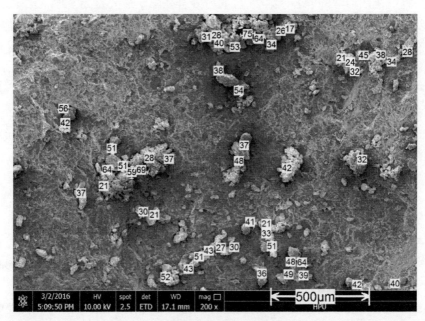

(a) 粉砂岩粒径大小分布

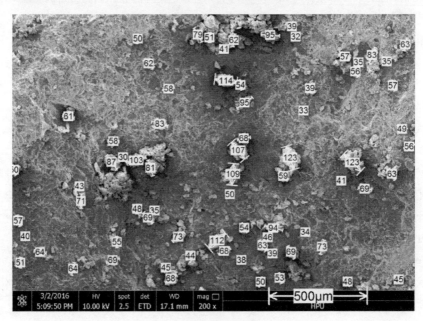

(b) 粉砂岩孔隙大小分布

图 4-2 粉砂岩微观结构

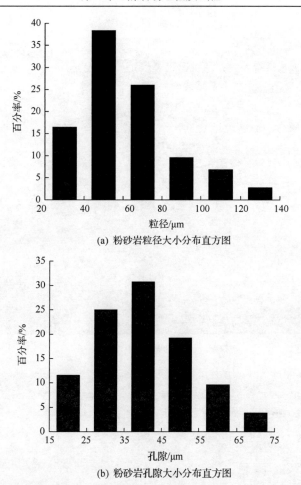

(a) 粉砂岩粒径大小分布直方图

(b) 粉砂岩孔隙大小分布直方图

图 4-3 粉砂岩粒径和孔隙大小分布直方图

　　从图 4-4 和图 4-5 中可以发现，在所测量的颗粒中，相对粉砂岩来说，细粒砂岩粒径大小分布十分广泛，分布范围为 43～187μm，但是中等大小的颗粒分布较多，粒径大小多集中在 60～150μm，约占整体的 84.8%，其中分布在 90～120μm 的颗粒最多，约占整体的 36.4%，60～90μm 的颗粒次之，约占整体的 30.3%，说明不同粒径大小分布严重不均。孔隙大小分布范围为 23～128μm，相比较粒径大小分布范围略有减小，小于 60μm 的小型孔隙占据绝对优势，孔隙大小主要集中在 20～60μm，约占整体的 81.8%，其中孔隙大小最多的颗粒分布在 40～60μm，约占整体的 48.5%，接近整体的一半，从而可以看出孔隙大小分布的差异性很大，分布严重不均，孔隙十分发育，可能影响岩石宏观力学特征。

(a) 细粒砂岩粒径大小分布

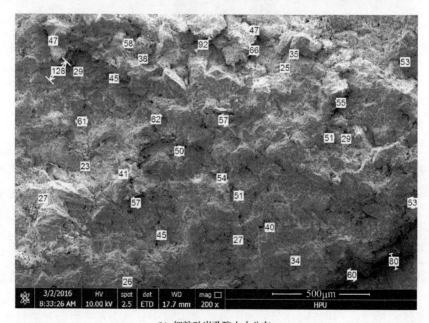

(b) 细粒砂岩孔隙大小分布

图 4-4　细粒砂岩微观结构

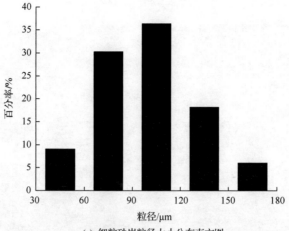

(a) 细粒砂岩粒径大小分布直方图

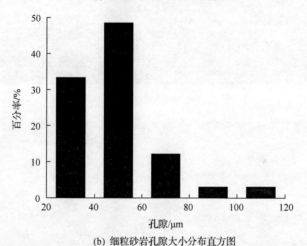

(b) 细粒砂岩孔隙大小分布直方图

图 4-5　细粒砂岩粒径和孔隙大小分布直方图

　　从图 4-6 和图 4-7 中可以发现，在所测量的颗粒中，相对于粉砂岩、细粒砂岩来说，中粒砂岩粒径大小分布十分广泛，分布范围为 81～365μm，但是中等大小的颗粒分布较多，近似呈现标准正态分布，粒径分布近似对称，粒径大小多集中在 100～220μm，约占整体的 79.2%，其中粒径大小分布在 140～180μm 的颗粒最多，占整体的 37.7%，分布在 100～140μm 的颗粒次之，约占整体的 24.5%，说明粒径大小分布不均。孔隙大小分布范围为 47～296μm，相比于粒径分布范围略有减少，孔隙大小主要集中在 60～180μm，约占整体的 77.4%，其中孔隙大小分布在 60～120μm 的颗粒最多，约占整体的 50.9%，超过整体的一半，与粒径大小分布相比，可以看出孔隙大小分布的差异性很大，分布严重不均，孔隙十分发育，可能影响岩石力学特征。

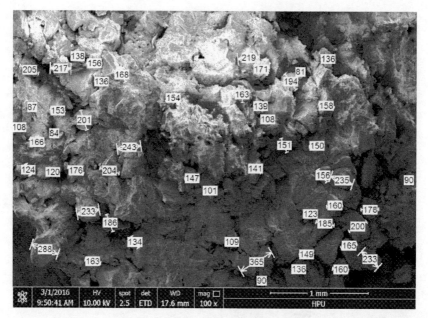

(a) 中粒砂岩粒径大小分布

(b) 中粒砂岩孔隙大小分布

图 4-6　中粒砂岩微观结构

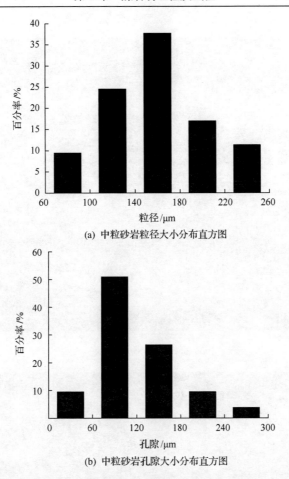

(a) 中粒砂岩粒径大小分布直方图

(b) 中粒砂岩孔隙大小分布直方图

图 4-7　中粒砂岩粒径和孔隙大小分布直方图

　　从图 4-8 和图 4-9 中可以发现,在所测量的颗粒中,粒径大小分布范围为 147～632μm, 是所测的不同岩性岩石中粒径分布范围最广泛的;从分布特征来看,岩石粒径大小分布相对比较平均,尤其是粒径大小为 100～500μm 时, 其特征更加明显,占整体比例变化不大,均维持在 20%～25%, 其中粒径大小分布在 300～400μm 的颗粒最多,约占整体的 25.8%, 约为整体的 1/4, 但是粒径大小分布 500～650μm 的颗粒最少,所占整体的比例不到 10%, 说明仍有一些粒径大小分布有些差异。孔隙大小分布范围为 45～214μm, 相比于粒径大小分布范围明显减小,孔隙大小主要集中在 30～150μm, 约占整体的 90.4%, 其中孔隙大小最多的颗粒分布在 70～110μm, 约占整体的 57.7%, 超过整体的一半,与粒径大小较平均分布特征完全不同,从而可以看出孔隙大小分布的差异性很大,分布严重不均,孔隙大小分布集中现象明显,孔隙十分发育。

(a) 粗粒砂岩粒径大小分布

(b) 粗粒砂岩孔隙大小分布

图 4-8　粗粒砂岩微观结构

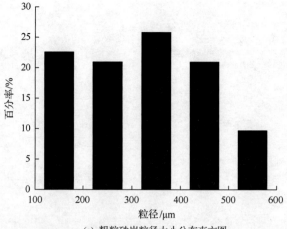

(a) 粗粒砂岩粒径大小分布直方图

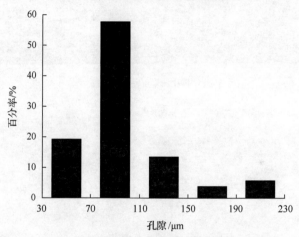

(b) 粗粒砂岩孔隙大小分布直方图

图 4-9　粗粒砂岩粒径和孔隙大小分布直方图

从图 4-10 和图 4-11 中可以发现，在所测量的颗粒中，粒径大小分布范围为 12.5～63.7μm，是所测的不同岩性岩石中粒径大小分布范围最小的；从分布特征来看，岩石粒径大小分布相对比较集中，主要集中在 15～45μm，约占整体的 86.5%，其中分布在 15～30μm 的颗粒最多，约占整体的 52.1%，超过整体的一半，说明粒径大小分布严重不均。孔隙大小分布范围为 8.1～43.6μm，相比较粒径大小分布范围略微减少，孔隙大小主要集中在 10～30μm，约占整体的 82.7%，其中孔隙大小最多的颗粒分布在 20～30μm，约占整体的 48.1%，接近整体的一半，从而可以看出孔隙分布的差异性很大，分布严重不均，孔隙分布集中现象明显，孔隙十分发育。

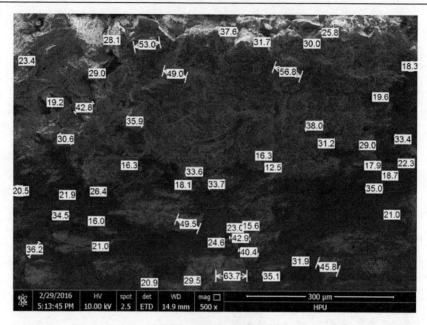

(a) 砂质泥岩粒径大小分布

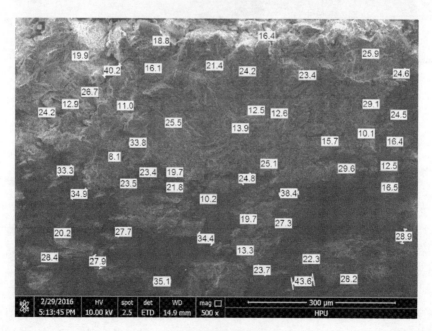

(b) 砂质泥岩孔隙大小分布

图 4-10　砂质泥岩微观结构

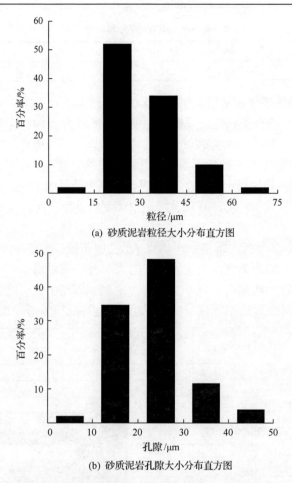

(a) 砂质泥岩粒径大小分布直方图

(b) 砂质泥岩孔隙大小分布直方图

图 4-11　砂质泥岩粒径和孔隙大小分布直方图

4.5　神东矿区岩石 RQD 值测试分析

　　RQD 值为岩石质量指标，该方法是利用钻孔的修正岩心采取率来评价岩石质量的优劣，具体指用直径为 75mm 的金刚石钻头和双层岩心管在岩石中钻进，连续取心，回次钻进所取岩心中，长度大于 10cm 的岩心段长度之和与该回次进尺的比值，以百分比表示，是国际上通用的鉴别岩石工程性质好坏的方法(杜时贵等，2000)。岩层的 RQD 值是反映岩层结构连续性和完整性的重要指标，对岩层整体强度指数有着很大的影响。RQD 值分类标准见表 4-9。

表 4-9　RQD 值分类标准

RQD 值/%	0~25	25~50	50~75	75~90	90~100
岩石质量评价	极差	差	中等	好	极好

　　图 4-12 为补连塔煤矿地层 RQD 值分布图。由图 4-12 可知，从整个煤岩地层来看，按照 RQD 值分类标准，质量属于极好的地层为 4 种，主要是砂岩；质量属于好的地层为 3 种，分别为砂质泥岩、中粒砂岩、砂质泥岩与砂岩互层；质量属于中等的地层为 10 种，种类不固定；质量属于差的地层为 4 种；没有极差的地层，整体质量指标为中等及以上的为 17 种，占整个地层的 74%，整体的地层连续性良好。将其按照沉积时期分开来看，在中侏罗统直罗组所含的 6 种地层中，质量属于极好的为 2 种，质量属于中等的为 2 种，质量属于差的为 2 种，中等及以上的地层占 67%，低于整个地层的平均水平，在中下统延安组中所含的 15 种地层中，质量属于极好的为 2 种，质量属于好的为 3 种，质量属于中等的为 8 种，质量属于差的为 2 种，质量属于中等及以上的占 87%，高于整个地层的平均水平，说明沉积时期相对久远的中下侏罗统直罗组地层质量更好。

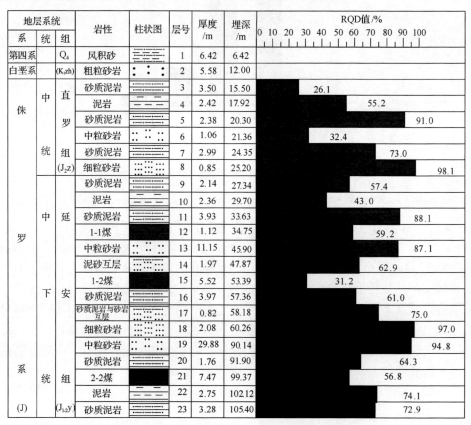

图 4-12　补连塔煤矿地层 RQD 值分布图

　　图 4-13 为布尔台煤矿地层 RQD 值分布图，由图 4-13 可知，在整个煤岩地层中，根据 RQD 值分类标准，质量属于极好的地层为 3 种，均分布在中下侏罗统延安组，分别是中粒砂岩、粉砂岩、砂质泥岩；质量属于好的地层为 19 种，以砂质泥岩和砂岩为主；质量属于中等的地层为 27 种；质量属于差的地层为 14 种；质量属于极差的地层为 6 种，整体质量指标为中等以上的地层为 49 种，占整个地层的 71%。按照沉积时期划分，在下白垩统志丹群所含的 14 种地层中，不存在质量极好或极差的地层，质量属于好的地层为 5 种，质量属于中等的地层为 7 种，质量属于差的地层为 2 种，中等以上的地层约占 86%，高于整个地层的平均水平；在中侏罗统安定组所含 10 种地层中，质量属于好的地层为 5 种，占到了该沉积时期地层数量的一半，质量属于中等的地层为 4 种，质量属于极差的地层为 1 种，质量属于中等以上的地层占 90%，远远高于整个地层的平均水平；在中侏罗统直罗组所含的 16 种地层中，质量属于好的地层为 4 种，质量属于中等的地层为 4 种，质量属于差的地层为 7 种，质量属于极差的地层为 1 种，质量属于中等以上的地层占 50%，地层质量相对较差，低于整个地层

系	统	组	岩性	层号	厚度/m	埋深/m	RQD值/%
第四系		Q₄	黄土	1	57	57.00	
白垩系	下统	志丹群 (K₁zh)	含砾粗砂岩	2	40.12	97.12	58.3
			细粒砂岩	3	12.20	109.32	41.7
			粗粒砂岩	4	4.8	114.12	71.3
			粉砂岩	5	2.6	116.72	80.4
			细粒砂岩	6	0.8	117.52	81.3
			粗粒砂岩	7	3.7	121.22	69.2
			细粒砂岩	8	4	125.22	51.3
			含砾砂岩	9	0.8	126.02	85.0
			含砂泥岩	10	2.5	128.52	53.2
			粉砂岩	11	3.5	132.02	79.0
			粉砂质泥岩	12	1.9	133.92	28.5
			粉砂岩	13	1.28	135.20	78.9
			黏土页岩	14	2.27	137.47	62.6
			中粒砂岩	15	3.05	140.52	58.4
侏罗系	中统	安定组 (J₂a)	含砾砂岩	16	4.20	144.72	50.6
			黏土页岩	17	1.1	145.82	89.1
			含砂泥岩	18	2.6	148.42	75.8
			粗砂岩	19	2.7	151.12	68.9
			中粒砂岩	20	4.80	155.92	21.5
			砂质泥岩	21	5.70	161.62	85.8
			砂质泥岩	22	7.6	169.22	69.1
			粉砂岩	23	4.7	173.92	71.5
			中粒砂岩	24	3.35	177.27	75.5
			砂质泥岩	25	22.05	199.32	75.7
		直罗组 (J₂z)	砂质泥岩	26	1.45	200.82	33.3
			泥岩	27	1.2	202.02	26.7
			粉砂岩	28	1.2	203.22	75.8
			粗粒砂岩	29	3.1	206.32	61.9
			中粒砂岩	30	13.5	219.82	37.0
			泥岩	31	0.95	220.77	76.8
			砂质泥岩	32	0.45	221.22	71.1
			粗粒砂岩	33	7.00	228.22	18.1
			砂质泥岩	34	3.6	231.82	43.1
			砂质泥岩	35	1.6	233.42	85.0
			砂质泥岩	36	1.45	239.92	82.6
			粗粒砂岩	37	5.20	245.12	47.7
			砂质泥岩	38	3.4	248.52	52.7
			砂质泥岩	39	5.9	254.42	52.7
系 (J)			细粒砂岩	40	9.1	263.52	33.3
中侏		(J₂z)	粗粒砂岩	41	20.7	284.22	41.4
			粗粒砂岩	42	0.3	284.52	40.0
			泥岩	43	0.2	284.72	65.0
			1-2上煤	44	0.6	285.32	
			泥岩	45	0.85	286.17	29.4
			砂质泥岩	46	2.45	288.62	44.5
侏	中	延	含砾粗砂岩	47	0.7	289.32	41.4
			中粒砂岩	48	4.5	293.82	86.0
			煤	49	0.2	294.02	70.0
			粗粒砂岩	50	1.8	295.82	
			砂质泥岩	51	3.1	298.92	12.6
			中粒砂岩	52	1.73	300.65	69.4
			1-2煤	53	0.57	301.22	
			砂质泥岩	54	0.91	302.13	
			细粒砂岩	55	1	303.13	26.0
			煤	56	0.17	303.30	
	下	安	泥岩	57	5.12	308.42	22.3
			中粒砂岩	58	6.5	314.92	93.4
			砂质泥岩	59			50.4
罗		罗	细粒砂岩	80	0.35	360.05	
			中粒砂岩	81	1.39	361.44	74.1
			煤	82	0.24	361.68	
			泥岩	83	0.13	361.81	76.9
			煤	84	0.11	361.92	
			粉砂岩	85	1.15	363.07	66.1
			2-2煤	86	0.32	363.39	
			砂质泥岩	87	0.26	363.65	50.0
			粗粒砂岩	88	2.91	366.56	51.9
			砂质泥岩	89	0.14	366.70	78.6
	统	组	细粒砂岩	90	0.72	367.42	79.2
			砂质泥岩	91	10.90	378.32	84.6
			粉砂岩	92	37.10	415.42	94.7
			砂质泥岩	93	4.31	419.73	94.9
			4-2煤	94	6.56	426.29	23.3
			砂质泥岩	95	1.98	428.27	22.2
			煤	96	0.16	428.43	
			粗粒砂岩	97	1.99	430.42	51.8
系			中粒砂岩	98	1.6	432.02	72.5
			粉砂岩	99	4.78	436.80	57.1
(J)		(J₁₋₂y)	粗粒砂岩	100	0.82	437.62	59.8

图 4-13　布尔台煤矿地层 RQD 值分布图

的平均水平；在中下侏罗统延安组所含 39 种地层中，质量极好的地层为 3 种，质量好的地层为 5 种，质量中等的地层为 12 种，质量差的地层为 5 种，质量极差的地层为 4 种，质量中等以上的地层约占 51%，低于整个地层的平均水平。从整体上看，前两个沉积时期地层质量较好，其中中侏罗统安定组地层质量最好，而中侏罗统直罗组地层质量最差，远低于整个地层的平均水平。

图 4-14 为大柳塔煤矿地层 RQD 值分布图，由图 4-14 可知，根据 RQD 值分类标准，在整个煤岩地层中质量属于极好的地层为 9 种，分别是中粒砂岩、细粒砂岩粉砂岩、泥岩、煤；质量属于好的地层为 12 种；质量属于中等的地层为 25 种；质量属于差的地层为 7 种；质量属于极差的地层为 1 种，整体质量为中等以上的为 46 种，占了整个地层的 72%。按照沉积时期划分，在中侏罗统直罗组所含的 9 种地层中，不存在质量差、极差的地层，地层质量较好，其中质量属于极好的地层为 2 种，质量属于好的地层为 2 种，质量属于中等的地层为 4 种；在中下侏罗统延安组所含 53 种地层中，质量属于极好的地层为 7 种，质量属于好的地层为 10 种，质量属于中等的地层为 21 种，质量属于差的地层为 7 种，质量属于极差的地层为 1 种，质量中等以上的地层占 72%。

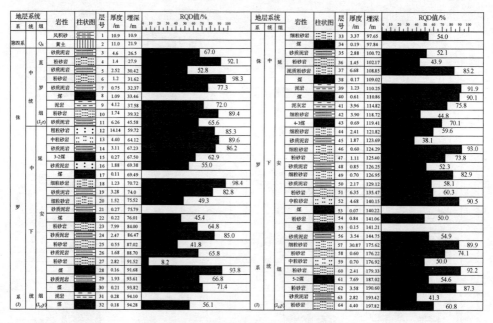

图 4-14　大柳塔煤矿地层 RQD 值分布图

参 考 文 献

蔡美峰. 2002. 岩石力学与工程. 北京: 科学出版社.

杜时贵, 杨树峰, 程俊杰, 等. 2000. 岩石质量指标 RQD 与工程岩体分类. 工程地质学报, 8(3): 351-356.

冯文凯, 黄润秋, 许强. 2009. 岩石的微观结构特征与其力学行为启示. 水土保持研究, 16(6): 26-29.

杨永明, 鞠杨, 刘红彬, 等. 2009. 孔隙结构特征及其对岩石力学性能的影响. 岩石力学与工程学报, 28(10): 2031-2038.

尤明庆. 2007. 岩石的力学性质. 北京: 地质出版社.

赵明阶, 吴德伦. 2000. 工程岩体的超声波分类及强度预测. 岩石力学与工程学报, 19(1): 82-89.

第5章　神东矿区煤岩力学性质

本章以神东矿区补连塔煤矿、大柳塔煤矿和布尔台煤矿深基点试验钻孔岩心制备的试样为基础，根据修正的柱状图逐层对上述试验钻孔岩层的力学性质，包括抗压强度、抗拉强度、弹性模量、黏聚力及内摩擦角进行分析，但没有对泊松比进行分析，其主要原因是，本书力学实验采用 RMT-150C 力学实验系统，该系统在实验过程中测试的横向变形是基于对试样中部径向方向两个点的变形监测计算获得的，实验过程中发现，神东矿区岩石试样的在横向上的变形常呈现不均匀性，最大变形或破裂不是发生在试样中部径向方向上两个监测点附近位置，因而可能引起泊松比的计算结果产生较大误差，所以，本章没有对泊松比进行比较分析。

5.1　神东矿区岩石抗压强度分析

5.1.1　补连塔煤矿岩层抗压强度分析

表 5-1 为补连塔煤矿岩层抗压强度统计表。从表 5-1 中可以看出，补连塔煤矿 2-2 煤直接顶为砂质泥岩，直接顶抗压强度为 46.45MPa；基本顶为中粒砂岩，基本顶抗压强度为 39.34MPa；底板为泥岩和砂质泥岩，砂质泥岩抗压强度为 65.59MPa，砂质泥岩抗压强度是最大的。补连塔煤矿 2-2 煤和 1-2 煤抗压强度分别为 24.76MPa 和 22.33MPa。补连塔煤矿中侏罗系延安组砂质泥岩和泥岩抗压强度较高，砂质泥岩抗压强度的范围为 30.58～65.59MPa，平均值约为 49.40MPa；泥岩抗压强度为 55.70MPa。直罗组砂质泥岩和泥岩抗压强度相对要小很多，砂质泥岩抗压强度最大值只有 29.02MPa，最小值为 17.09MPa，平均值约为 23.26MPa；泥岩抗压强度为 40.22MPa，相比延安组泥岩要小很多。根据岩性分类情况，每层岩石全应力-应变曲线详细情况如图 5-1 所示。

5.1.2　大柳塔矿岩层抗压强度分析

表 5-2 为大柳塔煤矿岩层抗压强度统计表。大柳塔煤矿 5-2 煤直接顶为粉砂岩，抗压强度为 121.93MPa；5-2 煤基本顶为细粒砂岩，其抗压强度为 87.95MPa；其底板也为粉砂岩，抗压强度为 79.70MPa；5-2 煤抗压强度为 44.07MPa。从以上分析可以看出，大柳塔煤矿的顶板底板和煤层抗压强度都比较大，属于"三硬"煤层。大柳塔煤矿砂岩抗压强度相对比较大，覆岩中抗压强度最大的为细粒砂岩，

表 5-1　补连塔矿岩层抗压强度统计表

| 地层系统 | | | 层号 | 埋深/m | 厚度/m | 岩性 | 取样深度/m | | | 抗压强度/MPa | | | | |
系	统	组					试样 1	试样 2	试样 3	试样 1	试样 2	试样 3	平均值	标准差
第四系(Q)	Q4		1	6.42	6.42	风积砂	—	—	—	—	—	—	—	—
白垩系(K)		志丹群(K1zh)	2	12.00	5.58	粗粒砂岩	—	—	—	—	—	—	—	—
侏罗系(J)	中统	直罗组(J2z)	3	15.50	3.50	砂质泥岩	14.82	14.94	15.40	16.02	16.16	19.08	17.09	1.73
			4	17.92	2.42	泥岩	16.32	16.44	—	39.38	41.05	—	40.22	1.18
			5	20.30	2.38	砂质泥岩	18.80	19.32	19.44	19.46	35.38	16.21	23.68	10.26
			6	21.36	1.06	中粒砂岩	—	—	—	—	—	—	—	—
			7	24.35	2.99	砂质泥岩	21.58	22.87	23.66	36.51	19.56	31.00	29.02	8.65
			8	25.20	0.85	细粒砂岩	24.46	24.58	24.88	28.39	32.51	49.06	36.65	10.94
			9	27.34	2.14	砂质泥岩	26.01	26.12	27.02	39.70	57.56	55.72	50.99	12.63
			10	29.70	2.36	泥岩	27.71	—	—	55.70	—	—	55.70	0.00
			11	33.63	3.93	砂质泥岩	30.17	30.37	31.74	52.93	42.65	64.59	53.39	10.98
	中下统	延安组(J1-2y)	12	34.75	1.12	1-1煤	—	—	—	—	—	—	—	—
			13	45.90	11.15	中粒砂岩	36.51	36.99	37.35	29.67	34.11	34.72	32.83	2.76
			14	46.90	1.00	砂质泥岩	—	—	—	—	—	—	—	—
			15	47.87	0.97	中粒砂岩	47.02	47.12	47.66	59.55	45.55	42.92	49.34	8.94
			16	53.39	5.52	1-2煤	48.05	48.37	—	25.02	19.64	—	22.33	3.80
			17	57.36	3.97	砂质泥岩	54.36	54.76	—	28.97	32.18	—	30.58	2.27
			18	60.26	2.90	细粒砂岩	58.39	58.71	59.21	43.66	49.17	51.09	47.98	3.86
			19	90.14	29.88	中粒砂岩	61.30	62.11	62.16	36.82	40.02	41.18	39.34	2.26
			20	91.90	1.76	砂质泥岩	90.14	90.27	90.56	48.45	43.18	47.72	46.45	2.86
			21	99.37	7.47	2-2煤	92.07	93.41	93.62	23.54	18.91	31.82	24.76	5.34
			22	102.12	2.75	泥岩	—	—	—	—	—	—	—	—
			23	105.40	3.28	砂质泥岩	102.12	102.56	102.85	56.38	65.87	74.53	65.59	9.08
			24	106.90	1.50	细粒砂岩	—	—	—	—	—	—	—	—
			25	108.10	1.20	泥岩	—	—	—	—	—	—	—	—

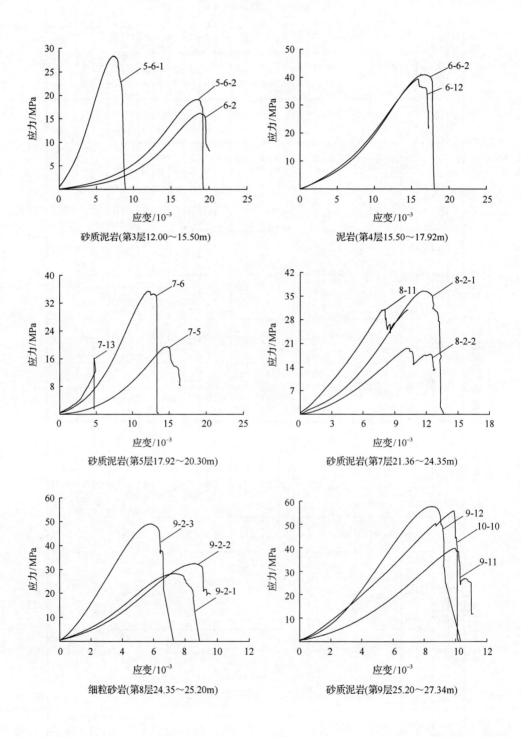

砂质泥岩(第3层12.00～15.50m)

泥岩(第4层15.50～17.92m)

砂质泥岩(第5层17.92～20.30m)

砂质泥岩(第7层21.36～24.35m)

细粒砂岩(第8层24.35～25.20m)

砂质泥岩(第9层25.20～27.34m)

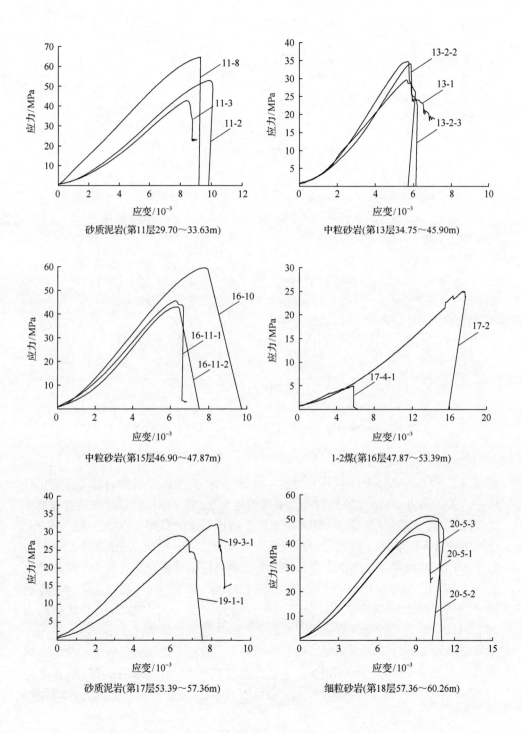

砂质泥岩(第11层29.70～33.63m)

中粒砂岩(第13层34.75～45.90m)

中粒砂岩(第15层46.90～47.87m)

1-2煤(第16层47.87～53.39m)

砂质泥岩(第17层53.39～57.36m)

细粒砂岩(第18层57.36～60.26m)

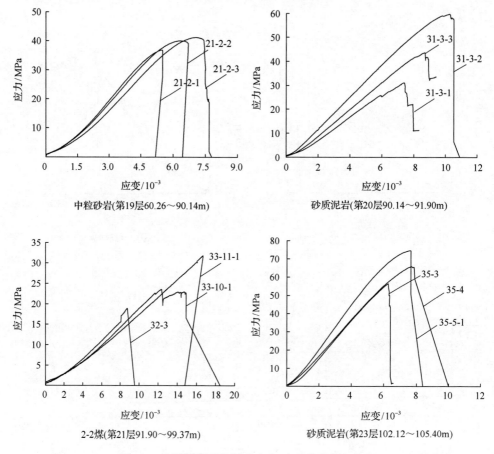

图 5-1　补连塔煤矿岩层全应力-应变曲线详细情况

其埋深在 74.00～75.52m，抗压强度为 124.29MPa。直罗组中粉砂岩抗压强度相对较小，其范围为 20.55～50.17MPa，平均值约为 33.89MPa。但是延安组砂岩抗压强度较大，延安组中 4-3 煤以上覆岩中粉砂岩抗压强度的范围为 46.22～83.25MPa，平均值约为 64.74MPa；细粒砂岩抗压强度范围为 26.20～124.29MPa，平均值约为 61.10MPa。延安组 4-3 煤以上覆岩中砂质泥岩抗压强度变化范围较小，抗压强度范围为 53.98～68.58MPa，平均值约为 60.75MPa。延安组 5-2 煤以上至 4-3 煤覆岩中粉砂岩抗压强度特别大，抗压强度范围为 72.78～121.93MPa，平均值约为 96.17MPa；但是其砂质泥岩抗压强度偏小，抗压强度范围为 36.16～55.31MPa，平均值约为 47.55MPa。5-2 煤底板中粉砂岩和砂质泥岩抗压强度较大，粉砂岩抗压强度范围为 79.70～95.13MPa，平均值约为 87.42MPa；砂质泥岩抗压强度为 77.19MPa。根据岩性分类情况，每层岩石全应力-应变曲线详细情况如图 5-2 所示。

表5-2　大柳塔煤矿岩层抗压强度统计表

地层系统			层号	埋深/m	厚度/m	岩性	取样深度/m			抗压强度/MPa				
系	统	组					试样 1	试样 2	试样 3	试样 1	试样 2	试样 3	平均值	标准差
第四系		Q4	1	10.90	10.90	风积砂	—	—	—	—	—	—	—	—
			2	21.90	11.00	黄土	—	—	—	—	—	—	—	—
侏罗系(J)	中统	直罗组 (J2z)	3	26.50	4.60	砂质泥岩	22.58	22.60	22.72	31.83	32.61	40.29	34.91	4.68
			4	27.90	1.40	粉砂岩	26.50	26.85	26.98	19.41	33.72	39.71	30.95	10.43
			5	30.42	2.52	砂质泥岩	30.07	—	—	45.54	—	—	45.54	—
			6	31.62	1.20	粉砂岩	30.42	—	—	20.55	—	—	20.55	—
			7	32.37	0.75	砂质泥岩	31.62	31.82	31.94	61.66	59.83	55.78	59.09	3.01
			8	33.46	1.09	煤	—	—	—	—	—	—	—	—
	中下统	延安组 (J1-2y)	9	37.58	4.12	泥岩	34.26	34.38	34.53	55.86	66.02	48.09	56.66	8.99
			10	39.32	1.74	粉砂岩	37.64	37.76	37.88	52.28	51.25	47.00	50.17	2.80
			11	45.58	6.26	砂质泥岩	39.49	39.61	39.73	65.27	66.83	54.02	62.04	6.99
			12	59.72	14.14	粗粒砂岩	49.92	50.04	50.43	15.58	15.89	14.15	15.21	0.93
			13	64.12	4.40	中粒砂岩	59.72	59.84	59.96	21.76	24.14	23.10	23.00	1.19
			14	67.23	3.11	砂质泥岩	64.12	64.56	64.68	71.66	66.74	67.35	68.58	2.68
			15	67.50	0.27	3-2煤	—	—	—	—	—	—	—	—
			16	69.38	1.88	粗粒砂岩	69.05	—	—	60.07	—	—	60.07	0

续表

| 地层系统 | | | 层号 | 埋深/m | 厚度/m | 岩性 | 取样深度/m | | | 抗压强度/MPa | | | | |
系	统	组					试样 1	试样 2	试样 3	试样 1	试样 2	试样 3	平均值	标准差
侏罗系(J)	中下统	延安组 (J$_{1-2}$y)	17	69.49	0.11	煤	—	—	—	—	—	—	—	—
			18	70.72	1.23	细粒砂岩	69.38	69.52	69.74	39.36	33.95	49.57	40.96	7.93
			19	74.00	3.28	砂质泥岩	—	—	—	—	—	—	—	—
			20	75.52	1.52	细粒砂岩	—	74.12	74.24	—	134.37	114.22	124.29	14.25
			21	75.79	0.27	砂质泥岩	—	—	—	—	—	—	—	—
			22	76.01	0.22	煤	—	—	—	—	—	—	—	—
			23	84.00	7.99	粉砂岩	75.52	—	—	83.25	—	—	83.25	0
			24	86.47	2.47	砂质泥岩	84.22	—	—	60.67	—	—	60.67	0
			25	87.02	0.55	粉砂岩	86.47	87	—	44.99	47.44	—	46.22	1.73
			26	88.70	1.68	砂质泥岩	87.22	—	—	59.75	—	—	59.75	—
			27	91.52	2.82	粉砂岩	—	—	—	—	—	—	—	—
			28	91.68	0.16	煤	—	—	—	—	—	—	—	—
			29	93.61	1.93	砂质泥岩	90.75	—	—	53.98	—	—	53.98	0
			30	93.82	0.21	煤	—	—	—	—	—	—	—	—
			31	94.10	0.28	泥岩	—	—	—	—	—	—	—	—
			32	94.28	0.18	煤	—	—	—	—	—	—	—	—

续表

系	统	组	层号	埋深/m	厚度/m	岩性	取样深度/m 试样1	试样2	试样3	抗压强度/MPa 试样1	试样2	试样3	平均值	标准差
侏罗系(J)	中下统	延安组 (J₁₋₂y)	33	97.65	3.37	细粒砂岩	93.78	96.22	96.43	45.00	55.80	57.69	52.83	6.85
			34	97.84	0.19	煤	—	—	—	—	—	—	—	—
			35	100.72	2.88	砂质泥岩	—	—	—	—	—	—	—	—
			36	102.17	1.45	粉砂岩	—	—	—	—	—	—	—	—
			37	108.85	6.68	泥质粉砂岩	102.20	102.46	102.96	50.35	105.00	76.78	77.38	27.33
			38	109.02	0.17	煤	—	—	—	—	—	—	—	—
			39	110.25	1.23	细粒砂岩	108.87	109.05	109.17	34.10	14.45	30.05	26.20	10.38
			40	110.86	0.61	4-2煤	—	—	—	—	—	—	—	—
			41	114.82	3.96	泥岩	112.12	112.24	112.56	78.57	75.47	47.40	67.17	17.10
			42	118.72	3.90	细粒砂岩	117.02	117.14	117.25	56.40	65.89	56.50	59.60	5.50
			43	119.41	0.69	4-3煤	—	—	—	—	—	—	—	—
			44	121.82	2.41	细粒砂岩	120.26	120.38	120.60	74.12	64.03	70.39	69.51	5.10
			45	123.69	1.87	砂质泥岩	122.33	122.45	122.57	79.99	32.72	53.22	55.31	23.70
			46	124.29	0.60	细粒砂岩	123.69	123.81	123.93	59.75	58.00	59.90	59.22	1.06
			47	125.40	1.11	粉砂岩	124.71	124.83	—	83.72	84.14	—	83.93	0.30
			48	126.25	0.85	砂质泥岩	—	—	—	—	—	—	—	—

续表

地层系统 系	统	组	层号	埋深/m	厚度/m	岩性	取样深度/m 试样 1	试样 2	试样 3	抗压强度/MPa 试样 1	试样 2	试样 3	平均值	标准差
侏罗系(J)	中下统	延安组 (J₁₋₂y)	49	126.95	0.70	细粒砂岩	—	—	—	—	—	—	—	—
			50	129.12	2.17	砂质泥岩	126.50	127.15	127.56	60.21	18.40	29.86	36.16	21.60
			51	135.47	6.35	粉砂岩	129.12	129.24	129.34	90.09	97.25	114.00	100.45	12.27
			52	140.15	4.68	中粒砂岩	—	135.59	135.71	—	59.91	65.11	62.51	3.68
			53	140.22	0.07	煤	—	—	—	—	—	—	—	—
			54	141.06	0.84	粉砂岩	140.15	140.63	—	63.17	82.39	—	72.78	13.59
			55	141.21	0.15	煤	—	—	—	—	—	—	—	—
			56	144.75	3.54	砂质泥岩	141.93	142.39	—	51.18	51.18	—	51.18	0.00
			57	175.62	30.87	细粒砂岩	146.86	147.02	147.14	89.18	81.78	92.90	87.95	5.66
			58	176.22	0.60	粉砂岩	175.83	175.95	—	103.85	99.62	—	101.74	2.99
			59	176.92	0.70	中粒砂岩	176.57	176.69	176.81	57.80	55.31	56.31	56.47	1.25
			60	179.33	2.41	粉砂岩	176.92	177.56	—	124.03	119.82	—	121.93	2.97
			61	187.02	7.69	5-2 煤	180.03	180.17	180.31	45.99	40.84	45.38	44.07	2.82
			62	190.60	3.58	粉砂岩	187.84	187.96	188.08	61.61	90.69	86.81	79.70	15.79
			63	193.42	2.82	砂质泥岩	190.06	—	—	77.19	—	—	77.19	0
			64	197.82	4.40	粉砂岩	194.52	194.65	194.82	85.93	104.74	94.73	95.13	9.41

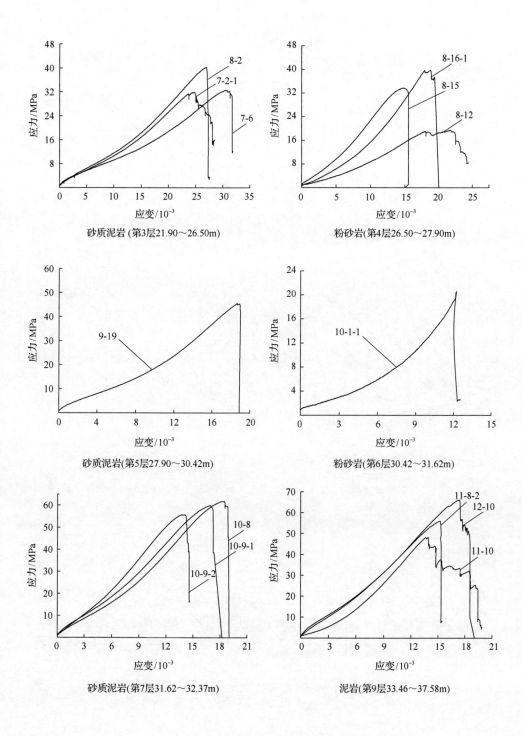

砂质泥岩 (第3层21.90～26.50m)

粉砂岩(第4层26.50～27.90m)

砂质泥岩(第5层27.90～30.42m)

粉砂岩(第6层30.42～31.62m)

砂质泥岩(第7层31.62～32.37m)

泥岩(第9层33.46～37.58m)

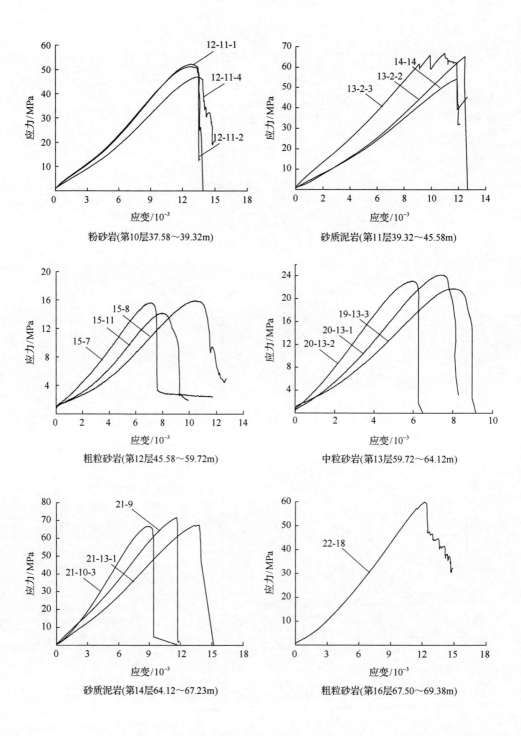

粉砂岩(第10层37.58~39.32m)

砂质泥岩(第11层39.32~45.58m)

粗粒砂岩(第12层45.58~59.72m)

中粒砂岩(第13层59.72~64.12m)

砂质泥岩(第14层64.12~67.23m)

粗粒砂岩(第16层67.50~69.38m)

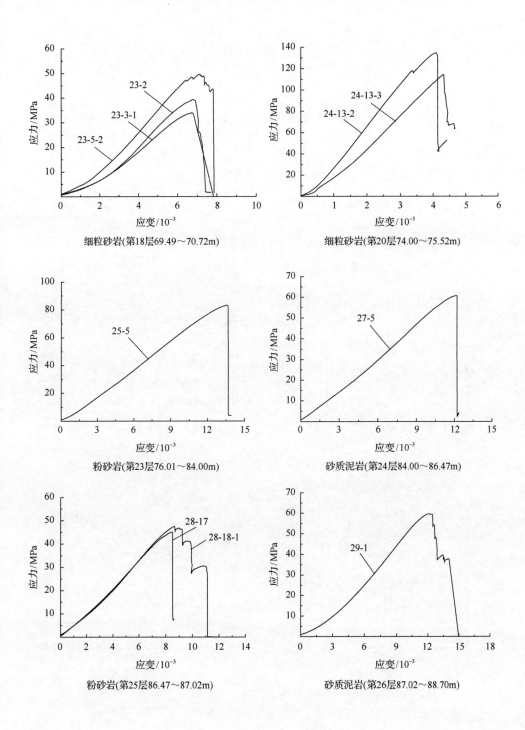

细粒砂岩(第18层69.49～70.72m)

细粒砂岩(第20层74.00～75.52m)

粉砂岩(第23层76.01～84.00m)

砂质泥岩(第24层84.00～86.47m)

粉砂岩(第25层86.47～87.02m)

砂质泥岩(第26层87.02～88.70m)

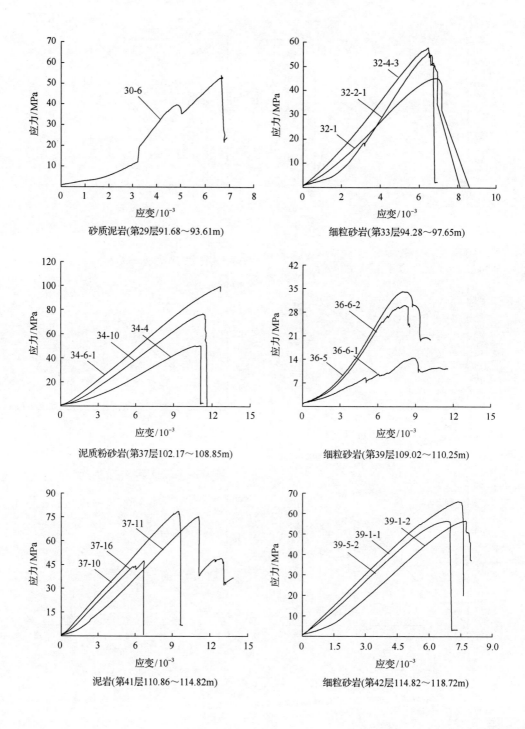

砂质泥岩(第29层91.68～93.61m)

细粒砂岩(第33层94.28～97.65m)

泥质粉砂岩(第37层102.17～108.85m)

细粒砂岩(第39层109.02～110.25m)

泥岩(第41层110.86～114.82m)

细粒砂岩(第42层114.82～118.72m)

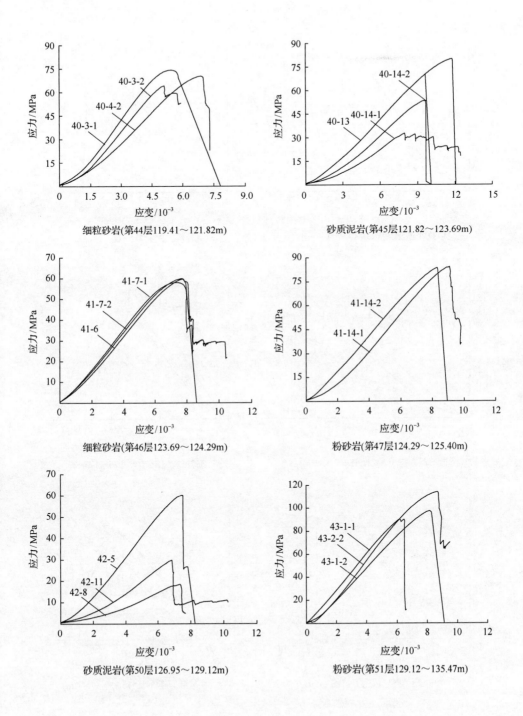

细粒砂岩(第44层119.41～121.82m)

砂质泥岩(第45层121.82～123.69m)

细粒砂岩(第46层123.69～124.29m)

粉砂岩(第47层124.29～125.40m)

砂质泥岩(第50层126.95～129.12m)

粉砂岩(第51层129.12～135.47m)

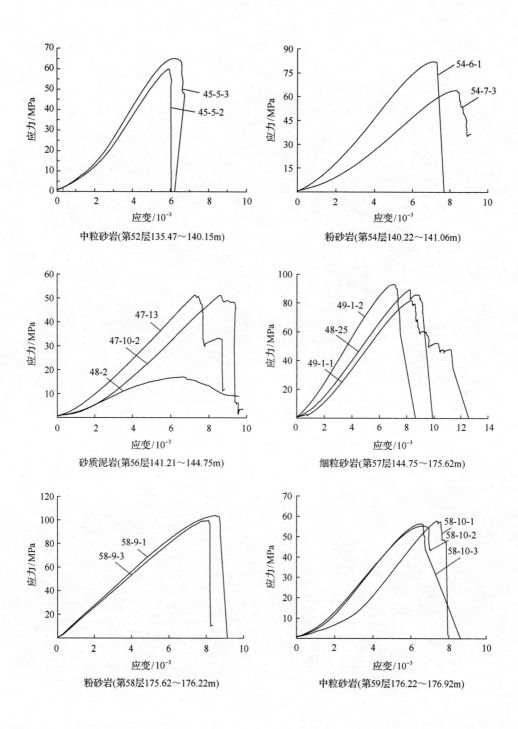

中粒砂岩(第52层135.47～140.15m)

粉砂岩(第54层140.22～141.06m)

砂质泥岩(第56层141.21～144.75m)

细粒砂岩(第57层144.75～175.62m)

粉砂岩(第58层175.62～176.22m)

中粒砂岩(第59层176.22～176.92m)

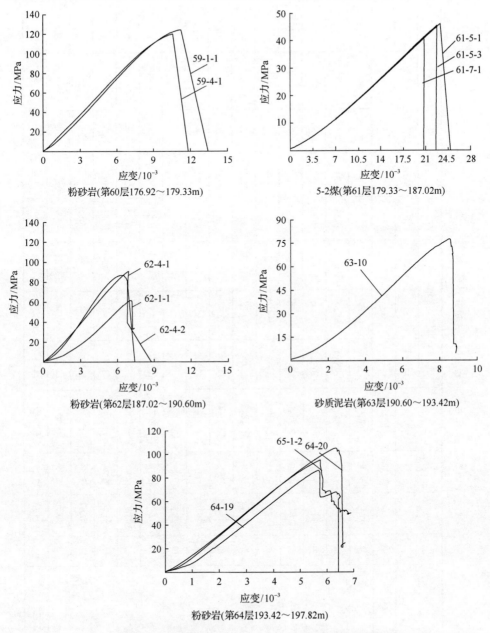

图 5-2　大柳塔煤矿岩层全应力–应变曲线详细情况

5.1.3　布尔台煤矿岩层抗压强度分析

表 5-3 为布尔台煤矿岩层抗压强度统计表。布尔台煤矿主采煤层为 4-2 煤，4-2 煤直接顶为砂质泥岩，其抗压强度较高，达到了 81.65MPa；基本顶为粉砂岩，

表 5-3 布尔台煤矿岩层抗压强度统计表

| 地层系统 | | | 层号 | 埋深/m | 厚度/m | 岩性 | 取样深度/m | | | 抗压强度/MPa | | | | |
系	统	组					试样 1	试样 2	试样 3	试样 1	试样 2	试样 3	平均值	标准差
第四系 (Q)		Q_4	1	57.00	57.00	黄土	—	—	—	—	—	—	—	—
白垩系 (K)	下统	志丹群 (K_1zh)	2	97.12	40.12	含砾粗砂岩	59.06	59.18	59.30	17.23	17.06	20.68	18.32	2.04
			3	109.32	12.20	细粒砂岩	105.98	106.36	106.48	9.26	10.86	7.83	9.32	1.13
			4	114.12	4.80	粗粒砂岩	109.32	109.66	110.05	10.31	8.05	8.63	9.00	1.17
			5	116.72	2.60	粉砂岩	115.54	115.66	115.88	8.24	12.48	9.70	10.14	2.16
			6	117.52	0.80	细粒砂岩	—	—	—	—	—	—	—	—
			7	121.22	3.70	粗粒砂岩	117.62	117.77	117.17	2.18	5.21	4.82	4.07	1.65
			8	125.22	4.00	细粒砂岩	122.97	123.48	—	4.42	5.80	—	5.11	0.98
			9	126.02	0.80	含砾粗砂岩	125.22	125.38	—	9.07	4.03	—	6.55	3.57
			10	128.52	2.50	含砂泥岩	—	—	—	—	—	—	—	—
			11	132.02	3.52	粉砂岩	128.76	129.55	131.73	21.51	16.22	23.48	20.40	3.75
			12	133.92	3.90	粉砂质泥岩	132.14	132.76	—	31.25	15.86	—	23.56	10.89
			13	135.20	1.28	粗砂岩	133.92	134.58	134.70	15.57	36.45	18.08	23.37	11.40
			14	137.47	2.27	黏土页岩	135.20	—	—	35.62	—	—	35.62	0
			15	140.50	3.05	中粒砂岩	138.14	139.16	139.28	4.28	5.14	6.48	5.30	1.11
侏罗系 (J)	中统	安定组 (J_2a)	16	144.72	7.25	含砾粗砂岩	141.12	141.32	141.44	7.29	3.76	4.00	5.01	1.97

续表

| 地层系统 | | | 层号 | 埋深/m | 厚度/m | 岩性 | 取样深度/m | | | 抗压强度/MPa | | | | |
系	统	组					试样1	试样2	试样3	试样1	试样2	试样3	平均值	标准差
侏罗系 (J)	中统	安定组 (J₂a)	17	145.82	1.10	黏土页岩	144.97	—	—	23.10	—	—	23.10	0
			18	148.42	2.60	砂质泥岩	145.82	145.94	147.39	25.57	19.15	18.59	21.10	3.87
			19	151.12	2.70	粉砂岩	148.42	148.10	149.67	15.97	11.46	16.87	14.77	2.90
			20	155.92	4.80	砂质泥岩	151.12	151.27	151.64	21.28	16.68	17.03	18.33	2.56
			21	161.62	5.70	细粒砂岩	155.92	156.09	156.20	11.83	9.15	11.04	10.67	1.38
			22	169.22	7.60	砂质泥岩	162.96	163.08	163.20	12.86	22.48	21.70	19.01	5.34
			23	173.92	4.70	粉砂岩	169.22	169.76	169.89	5.35	4.83	2.91	4.36	1.28
			24	177.27	3.35	中粒砂岩	175.22	175.67	176.92	4.47	5.67	4.86	5.00	0.61
			25	199.32	22.05	砂质泥岩	178.75	179.92	181.27	22.97	25.32	20.36	22.88	2.48
		直罗组 (J₂z)	26	200.82	1.50	细粒砂岩	199.32	200.12	—	16.56	21.98	—	19.27	3.83
			27	202.02	1.20	泥岩	200.96	—	—	34.03	—	—	34.03	0
			28	203.22	1.20	粉砂岩	202.02	202.18	202.30	19.38	24.16	22.82	22.12	2.46
			29	206.22	3.10	砂质泥岩	203.22	203.52	—	25.43	29.34	—	27.39	2.76
			30	219.82	13.50	中粒砂岩	209.43	212.47	216.39	4.53	4.16	5.03	4.57	0.44
			31	220.77	0.95	泥岩	—	—	—	—	—	—	—	—
			32	221.22	0.45	砂质泥岩	—	—	—	—	—	—	—	—

续表

| 地层系统 | | | 层号 | 埋深/m | 厚度/m | 岩性 | 取样深度/m | | | 抗压强度/MPa | | | | |
系	统	组					试样1	试样2	试样3	试样1	试样2	试样3	平均值	标准差
侏罗系(J)	中统	直罗组(J$_{2z}$)	33	228.22	7.00	粗粒砂岩	221.62	—	—	7.27	—	—	7.27	0
			34	231.80	3.60	砂质泥岩	228.22	228.47	230.12	30.22	31.29	30.73	30.75	0.54
			35	233.42	1.60	细粒砂岩	231.82	231.94	232.06	27.23	21.63	24.39	24.42	2.80
			36	239.92	6.50	砂质泥岩	233.62	233.95	243.07	29.12	32.94	28.94	30.33	2.26
			37	245.12	5.20	粗粒砂岩	240.68	242.87	—	8.72	2.60	—	5.66	4.33
			38	248.52	3.40	砂质泥岩	245.12	245.26	246.18	25.20	16.81	22.43	21.48	4.00
			39	254.42	5.90	泥质砂岩	251.52	251.63	251.86	24.44	25.87	30.07	26.79	2.93
			40	263.52	9.10	细粒砂岩	254.79	255.04	255.17	10.34	10.94	9.13	10.13	0.92
			41	284.22	20.70	粗粒砂岩	263.52	263.72	266.72	10.34	14.21	11.89	12.15	1.95
	中下统	延安组(J$_{1-2y}$)	42	284.52	0.30	粗粒砂岩	—	—	—	—	—	—	—	—
			43	284.72	0.20	泥岩	—	—	—	—	—	—	—	—
			44	285.32	0.60	1-2^{上}煤	—	—	—	—	—	—	—	—
			45	286.17	0.85	泥岩	—	—	—	—	—	—	—	—
			46	288.62	2.45	砂质泥岩	285.80	285.92	286.20	131.04	158.19	69.73	119.65	45.31
			47	289.32	0.70	含砾粗砂岩	—	—	—	—	—	—	—	—
			48	293.82	4.50	中粒砂岩	288.10	288.34	288.46	43.53	38.36	43.68	41.86	3.03

续表

地层系统			层号	埋深/m	厚度/m	岩性	取样深度/m			抗压强度/MPa				
系	统	组					试样 1	试样 2	试样 3	试样 1	试样 2	试样 3	平均值	标准差
侏罗系 (J)	中下统	延安组 (J$_{1,2}$y)	49	294.02	0.20	煤	—	—	—	—	—	—	—	—
			50	295.82	1.80	粗粒砂岩	—	—	—	—	—	—	—	—
			51	298.92	3.10	砂质泥岩	296.30	296.52	—	21.84	33.75	—	27.79	8.42
			52	300.65	1.73	中粒砂岩	298.92	299.04	—	20.75	20.01	—	20.38	0.53
			53	301.22	0.57	1-2 煤	—	—	—	—	—	—	—	—
			54	302.13	0.91	砂质泥岩	302.42	—	—	33.99	—	—	33.99	0
			55	303.13	1.00	细粒砂岩	—	—	—	—	—	—	—	—
			56	303.30	0.17	煤	—	—	—	—	—	—	—	—
			57	308.42	5.12	砂质泥岩	305.42	—	—	64.29	—	—	64.29	0
			58	314.92	6.50	中粒砂岩	308.42	308.80	308.92	28.78	29.50	30.52	29.60	0.87
			59	332.52	17.60	粗粒砂岩	314.92	315.07	315.31	35.58	32.14	28.10	31.94	3.74
			80	360.05	0.35	煤	—	—	—	—	—	—	—	—
			81	361.44	1.39	中粒砂岩	360.12	360.26	360.38	39.56	30.52	35.03	35.04	4.52
			82	361.68	0.24	煤	—	—	—	—	—	—	—	—
			83	361.81	0.13	泥岩	361.68	—	—	31.26	—	—	31.26	0
			84	361.92	0.11	煤	—	—	—	—	—	—	—	—

续表

地层系统 系	统	组	层号	埋深/m	厚度/m	岩性	取样深度/m 试样1	试样2	试样3	抗压强度/MPa 试样1	试样2	试样3	平均值	标准差
侏罗系 (J)	中下统	延安组 (J₁₋₂y)	85	363.07	1.15	粉砂岩	361.81	362.05	—	35.83	37.40	—	36.61	1.11
			86	363.39	0.32	2-2煤	—	—	—	—	—	—	—	—
			87	363.65	0.26	砂质泥岩	363.24	—	—	55.48	—	—	55.48	0
			88	366.56	2.91	粗粒砂岩	363.65	363.77	363.94	23.61	23.27	24.75	23.87	0.78
			89	366.70	0.14	砂质泥岩	—	—	—	—	—	—	—	—
			90	367.42	0.72	细粒砂岩	—	—	—	—	—	—	—	—
			91	378.32	10.90	砂质泥岩	367.42	367.92	368.25	60.89	45.64	47.19	51.24	8.40
			92	415.42	37.10	粉砂岩	381.66	381.78	381.90	66.52	66.00	67.87	66.79	0.96
			93	419.73	4.31	砂质泥岩	416.03	416.17	417.02	90.98	86.95	67.01	81.65	12.83
			94	426.29	6.56	4-2煤	—	—	—	—	—	—	—	—
			95	428.43	1.98	粗粒砂岩	426.38	426.50	426.56	29.34	22.24	49.39	33.66	14.08
			96	428.43	0.16	煤	—	—	—	—	—	—	—	—
			97	430.42	1.99	细粒砂岩	427.08	—	427.32	41.38	—	48.79	45.09	5.38
			98	432.02	1.60	中粒砂岩	429.38	429.55	429.70	27.96	28.88	40.05	32.30	6.73
			99	436.80	4.78	粉砂岩	432.02	432.14	432.25	74.65	65.20	59.99	66.61	7.43
			100	437.62	0.82	粗粒砂岩	435.03	435.13	435.23	47.21	38.46	40.16	41.94	4.64

虽然基本顶的岩层厚度达到了 37.10m，但是其抗压强度只有 66.79MPa，不属于坚硬岩层；4-2 煤底板主要为砂岩，其底板往下 10m 内砂岩的最大抗压强度只有 66.61MPa，最小抗压强度只有 32.30MPa。布尔台煤矿岩层抗压强度有一个很明显的特征就是砂岩抗压强度普遍偏低，尤其是白垩系砂岩抗压强度特别低，都属于软弱岩层，但是泥岩和砂质泥岩抗压强度相对较高。白垩系粉砂岩抗压强度范围为 10.14～23.37MPa，平均值约为 17.97MPa；细粒砂岩抗压强度范围为 5.11～9.32MPa，平均值约为 7.22MPa；中粒砂岩抗压强度为 5.30MPa；粗粒砂岩抗压强度范围为 4.07～9.00MPa，平均值约为 6.54MPa；含砾粗砂岩抗压强度范围为 6.55～18.32MPa，平均值约为 12.44MPa；但是在该沉积时期黏土页岩抗压强度达到了 35.62MPa，明显高于该沉积时期砂岩抗压强度。侏罗系安定组和直罗组中砂岩抗压强度与砂质泥岩及泥岩抗压强度相对白垩系这种现象有所减弱。在该沉积时期，粉砂岩抗压强度范围为 4.36～22.12MPa，平均值约为 13.75MPa；细粒砂岩抗压强度范围为 10.13～24.42MPa，平均值约为 16.12MPa；中粒砂岩抗压强度范围为 4.57～5.00MPa，平均值约为 4.78MPa；粗粒砂岩抗压强度范围 5.66～12.15MPa，平均值约为 8.36MPa；砂质泥岩抗压强度范围为 18.33～30.75MPa，平均值约为 24.26MPa。延安组 4-2 煤上覆岩层中砂岩与砂质泥岩抗压强度相差较大，该沉积时期砂质泥岩抗压强度范围为 51.24～119.65MPa，平均值约为 77.01MPa；但是粗粒砂岩抗压强度平均值只有 23.87MPa，仅为砂质泥岩的 31.0%；中粒砂岩抗压强度平均值约为 41.86MPa，也仅为砂质泥岩的 54.4%；粉砂岩抗压强度平均值约为 50.20MPa，达到了砂质泥岩的 65.2%。根据岩性分类情况，每层岩石全应力-应变曲线详细情况如图 5-3 所示。

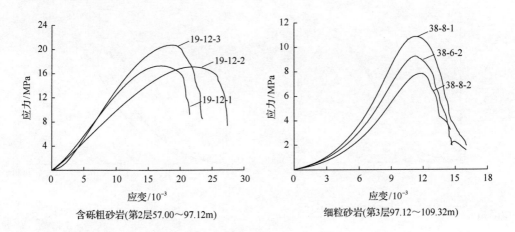

含砾粗砂岩(第2层57.00～97.12m)　　　　　细粒砂岩(第3层97.12～109.32m)

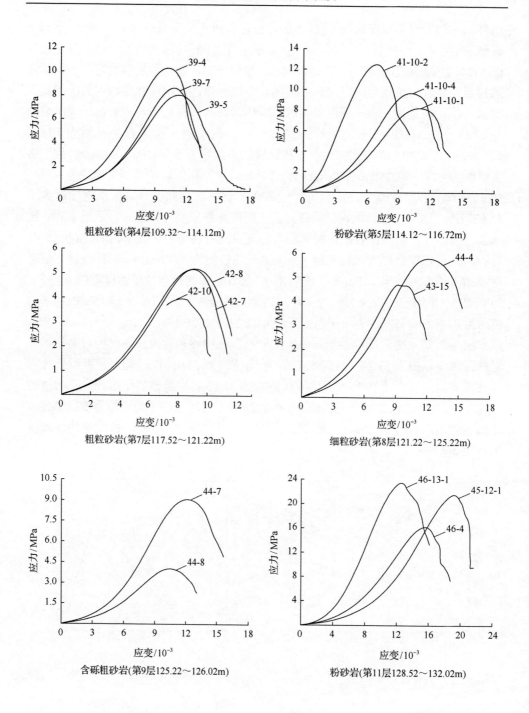

粗粒砂岩(第4层109.32~114.12m)

粉砂岩(第5层114.12~116.72m)

粗粒砂岩(第7层117.52~121.22m)

细粒砂岩(第8层121.22~125.22m)

含砾粗砂岩(第9层125.22~126.02m)

粉砂岩(第11层128.52~132.02m)

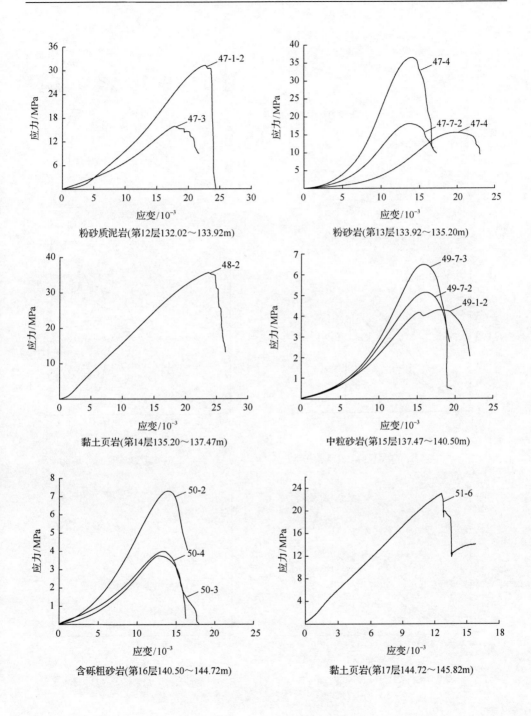

粉砂质泥岩(第12层132.02~133.92m)

粉砂岩(第13层133.92~135.20m)

黏土页岩(第14层135.20~137.47m)

中粒砂岩(第15层137.47~140.50m)

含砾粗砂岩(第16层140.50~144.72m)

黏土页岩(第17层144.72~145.82m)

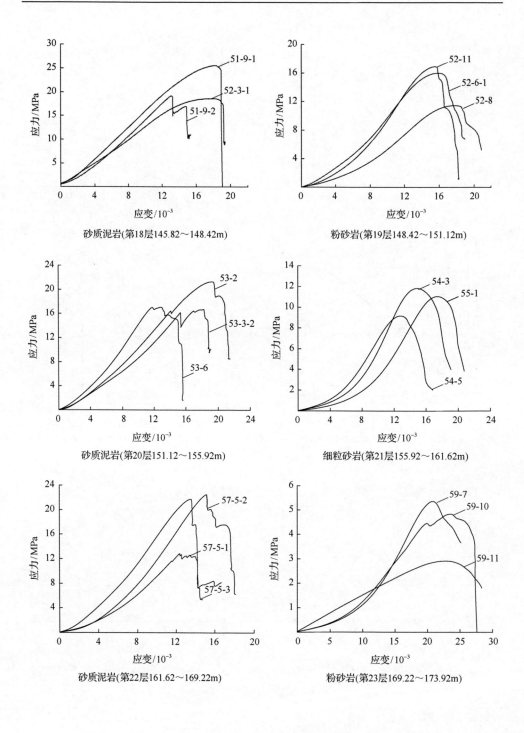

砂质泥岩(第18层145.82～148.42m)

粉砂岩(第19层148.42～151.12m)

砂质泥岩(第20层151.12～155.92m)

细粒砂岩(第21层155.92～161.62m)

砂质泥岩(第22层161.62～169.22m)

粉砂岩(第23层169.22～173.92m)

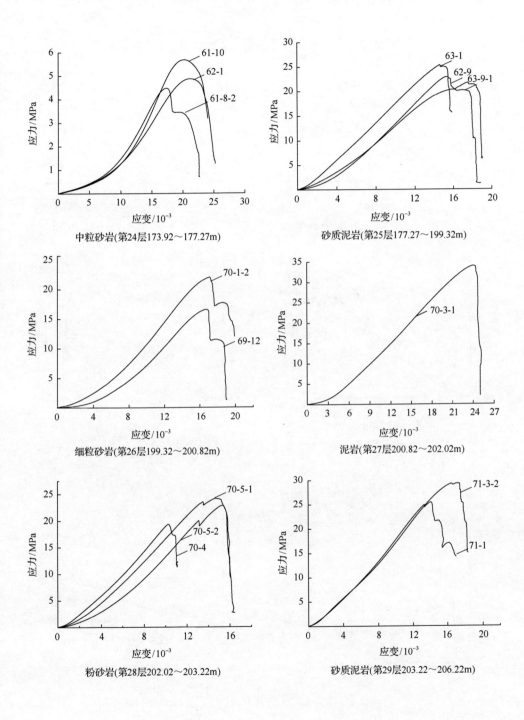

中粒砂岩(第24层173.92～177.27m)

砂质泥岩(第25层177.27～199.32m)

细粒砂岩(第26层199.32～200.82m)

泥岩(第27层200.82～202.02m)

粉砂岩(第28层202.02～203.22m)

砂质泥岩(第29层203.22～206.22m)

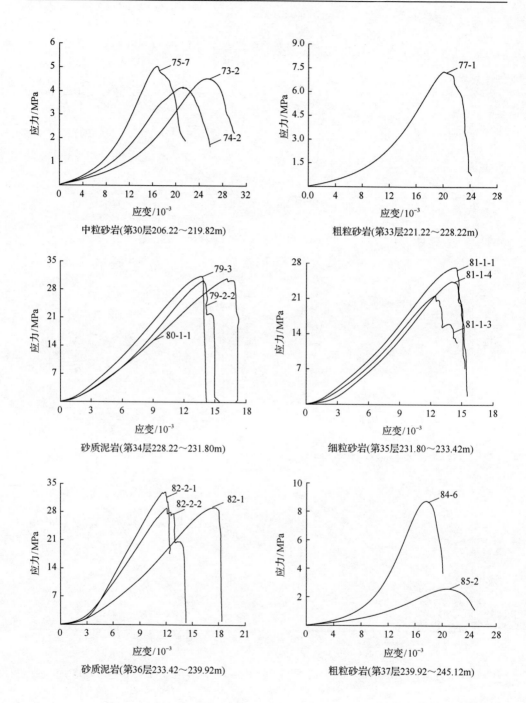

中粒砂岩(第30层206.22～219.82m)

粗粒砂岩(第33层221.22～228.22m)

砂质泥岩(第34层228.22～231.80m)

细粒砂岩(第35层231.80～233.42m)

砂质泥岩(第36层233.42～239.92m)

粗粒砂岩(第37层239.92～245.12m)

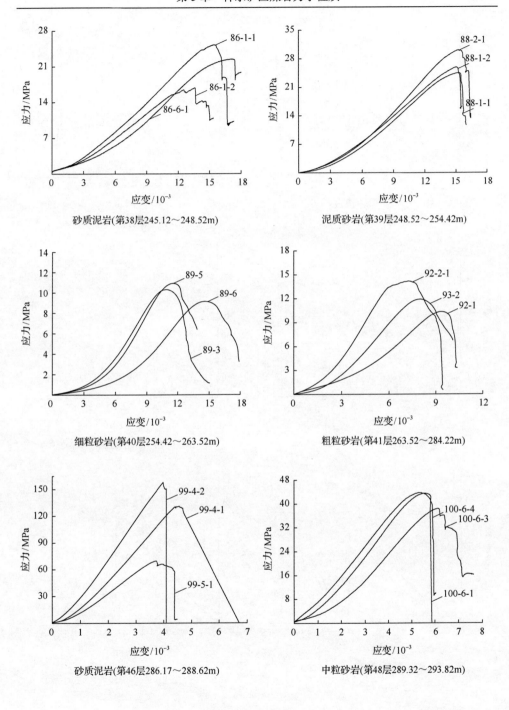

砂质泥岩(第38层245.12～248.52m)

泥质砂岩(第39层248.52～254.42m)

细粒砂岩(第40层254.42～263.52m)

粗粒砂岩(第41层263.52～284.22m)

砂质泥岩(第46层286.17～288.62m)

中粒砂岩(第48层289.32～293.82m)

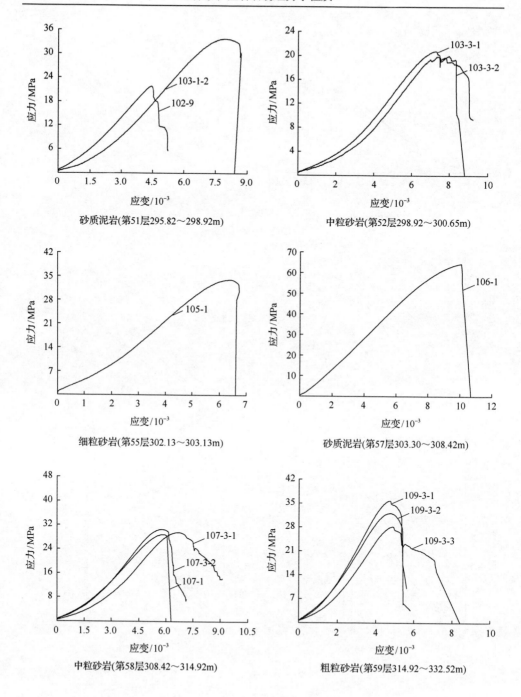

砂质泥岩(第51层295.82～298.92m)

中粒砂岩(第52层298.92～300.65m)

细粒砂岩(第55层302.13～303.13m)

砂质泥岩(第57层303.30～308.42m)

中粒砂岩(第58层308.42～314.92m)

粗粒砂岩(第59层314.92～332.52m)

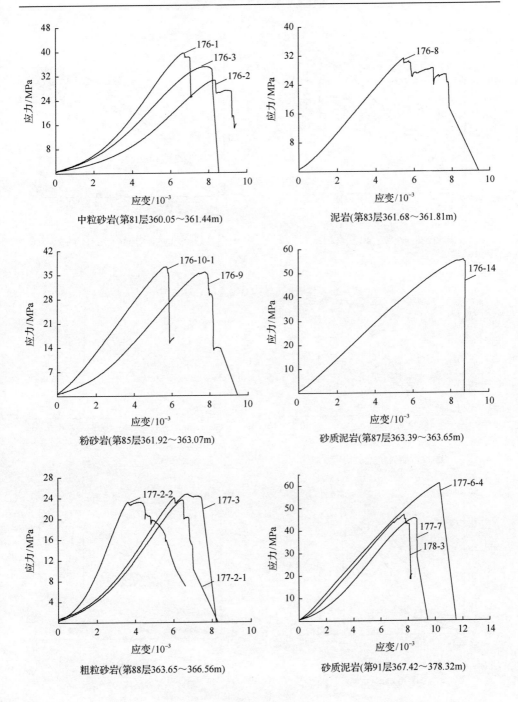

中粒砂岩(第81层360.05～361.44m)

泥岩(第83层361.68～361.81m)

粉砂岩(第85层361.92～363.07m)

砂质泥岩(第87层363.39～363.65m)

粗粒砂岩(第88层363.65～366.56m)

砂质泥岩(第91层367.42～378.32m)

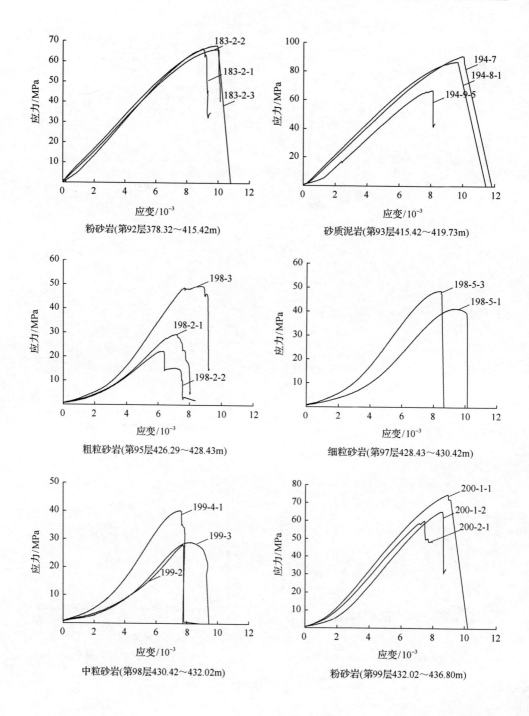

粉砂岩(第92层378.32～415.42m)

砂质泥岩(第93层415.42～419.73m)

粗粒砂岩(第95层426.29～428.43m)

细粒砂岩(第97层428.43～430.42m)

中粒砂岩(第98层430.42～432.02m)

粉砂岩(第99层432.02～436.80m)

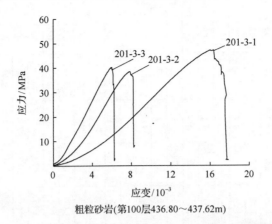

粗粒砂岩(第100层436.80~437.62m)

图 5-3　布尔台煤矿岩层全应力-应变曲线详细情况

5.2　神东矿区岩石弹性模量分析

5.2.1　补连塔煤矿岩层弹性模量分析

表 5-4 为补连塔煤矿岩层弹性模量统计表。从表 5-4 可以看出，补连塔煤矿 2-2 煤上覆岩层弹性模量整体偏低，与戎虎仁等(2015)研究的山东临沂红砂岩、吴刚等(2007)研究的河南焦作砂岩、苏海健等(2014)研究的山东临沂砂岩弹性模量相比小了 10 倍左右。补连塔煤矿 2-2 煤直接顶砂质泥岩弹性模量为 7.43GPa；基本顶中粒砂岩弹性模量为 8.22GPa；底板砂质泥岩弹性模量最大，为 10.83GPa。1-2 煤直接顶中粒砂岩弹性模量为 9.24GPa；基本顶中粒砂岩弹性模量为 7.15GPa；底板砂质泥岩弹性模量为 5.19GPa。补连塔煤矿侏罗系直罗组中砂质泥岩和泥岩弹性模量相对较低，砂质泥岩弹性模量的范围为 1.68~3.60GPa，平均值约为 2.72GPa；泥岩弹性模量为 3.37GPa；然而砂岩弹性模量要比砂质泥岩和泥岩大很多，细粒砂岩弹性模量为 6.95GPa，比砂质泥岩约大 1.7 倍，比泥岩约大 1.1 倍。

5.2.2　大柳塔煤矿岩层弹性模量分析

表 5-5 为大柳塔煤矿岩层弹性模量统计表。大柳塔煤矿 5-2 煤直接顶为粉砂岩，弹性模量为 13.32GPa；5-2 煤基本顶为细粒砂岩，其弹性模量为 14.11GPa；5-2 煤底板也为粉砂岩，其弹性模量为 14.61GPa；5-2 煤弹性模量为 2.13GPa。5-2 煤虽然抗压强度特别大，但是其弹性模量相对较小，因此，其在压缩过程中变形会相应地增大。大柳塔煤矿砂岩弹性模量相对比较大，覆岩中弹性模量最大的为细粒砂岩，其埋深为74.00~75.52m，弹性模量为35.31GPa。直罗组中粉砂岩弹性模量相对较小，粉砂岩弹性模量的范围为 1.92~4.51GPa，平均值约为 2.86GPa；

表 5-4 补连塔煤矿岩层弹性模量统计表

地层系统 系	统	组	层号	埋深/m	厚度/m	岩性	取样深度/m 试样1	试样2	试样3	弹性模量/GPa 试样1	试样2	试样3	平均值	标准差
第四系(Q)	—	Q₄	1	6.42	6.42	风积砂	—	—	—	—	—	—	—	—
白垩系(K)		志丹群(K₁zh)	2	12.00	5.58	粗粒砂岩	—	—	—	—	—	—	—	—
侏罗系(J)	中统	直罗组(J₂z)	3	15.50	3.50	砂质泥岩	14.82	14.94	15.40	1.86	1.48	1.71	1.68	0.19
			4	17.92	2.42	泥岩	16.32	16.44	—	3.22	3.51	—	3.37	0.21
			5	20.30	2.38	砂质泥岩	18.80	19.32	19.44	1.98	—	3.79	2.88	1.28
			6	21.36	1.06	中粒砂岩	—	—	—	—	—	—	—	—
			7	24.35	2.99	砂质泥岩	21.58	22.87	23.66	4.23	2.43	4.13	3.60	1.01
			8	25.20	0.85	细粒砂岩	24.46	24.58	24.88	5.01	5.06	10.77	6.95	3.31
			9	27.34	2.14	砂质泥岩	26.01	26.12	—	5.16	9.38	—	7.27	2.99
			10	29.70	2.36	泥岩	27.71	—	—	6.37	—	—	6.37	—
			11	33.63	3.93	砂质泥岩	30.17	30.37	31.74	6.79	6.31	7.92	7.01	0.83
	中下统	延安组(J₁₋₂y)	12	34.75	1.12	1-1煤	—	—	—	—	—	—	—	—
			13	45.90	11.15	中粒砂岩	36.51	36.99	37.35	5.95	7.45	8.05	7.15	1.08
			14	46.90	1.00	砂质泥岩	—	—	—	—	—	—	—	—
			15	47.87	0.97	中粒砂岩	47.02	47.12	47.66	9.62	8.90	9.20	9.24	0.37
			16	53.39	5.52	1-2煤	48.05	48.37	—	1.67	1.85	—	1.76	0.13
			17	57.36	3.97	砂质泥岩	54.36	54.76	—	5.68	4.70	—	5.19	0.69
			18	60.26	2.90	细粒砂岩	58.39	58.71	59.21	6.25	6.33	6.50	6.36	0.12
			19	90.14	29.88	中粒砂岩	61.30	62.11	62.16	8.64	8.30	7.72	8.22	0.46
			20	91.90	1.76	砂质泥岩	90.14	90.27	90.56	7.43	7.41	7.45	7.43	0.02
			21	99.37	7.47	泥岩	92.07	93.41	—	2.17	1.88	—	2.02	0.20
			22	102.12	2.75	砂质泥岩	102.12	102.56	102.85	10.41	9.94	12.15	10.83	1.16
			23	105.40	3.28	砂质泥岩	—	—	—	—	—	—	—	—
			24	106.90	1.50	细粒砂岩	—	—	—	—	—	—	—	—
			25	108.10	1.20	泥岩	—	—	—	—	—	—	—	—

表 5-5　大柳塔煤矿岩层层弹性模量统计表

| 地层系统 | | | 层号 | 埋深/m | 厚度/m | 岩性 | 取样深度/m | | | 弹性模量/GPa | | | | |
系	统	组					试样 1	试样 2	试样 3	试样 1	试样 2	试样 3	平均值	标准差
第四系 (Q)		Q₄	1	10.90	10.90	风积砂	—	—	—	—	—	—	—	—
			2	21.90	11.00	黄土	—	—	—	—	—	—	—	—
侏罗系 (J)	中统	直罗组 (J₂z)	3	26.50	4.60	砂质泥岩	22.58	22.60	22.72	1.36	1.06	1.62	1.34	0.28
			4	27.90	1.40	粉砂岩	26.50	26.85	26.98	1.18	2.66	2.64	2.16	0.85
			5	30.42	2.52	砂质泥岩	30.07	—	—	2.63	—	—	2.63	0
			6	31.62	1.20	粉砂岩	30.42	—	—	1.92	—	—	1.92	0
			7	32.37	0.75	砂质泥岩	31.62	31.82	31.94	3.99	3.98	4.60	4.19	0.35
			8	33.46	1.09	煤	—	—	—	—	—	—	—	—
			9	37.58	4.12	泥岩	34.26	34.38	34.53	3.98	4.18	4.46	4.20	0.24
			10	39.32	1.74	砂质泥岩	37.64	37.76	37.88	4.75	4.71	4.07	4.51	0.39
			11	45.58	6.26	粉砂质泥岩	39.49	39.61	39.73	5.88	6.74	5.02	5.88	0.86
			12	59.72	14.14	粗粒砂岩	49.92	50.04	50.43	2.36	1.83	2.05	2.08	0.27
			13	64.12	4.40	中粒砂岩	59.72	59.84	59.96	3.17	3.92	4.58	3.89	0.70
			14	67.23	3.11	砂质泥岩	64.12	64.56	64.68	6.97	9.38	5.83	7.39	1.82
	中下统	延安组 (J₁₋₂y)	15	67.50	0.27	3-2 煤	—	—	—	—	—	—	—	—
			16	69.38	1.88	粗粒砂岩	69.05	—	—	5.68	—	—	5.68	0
			17	69.49	0.11	煤	—	—	—	—	—	—	—	—
			18	70.72	1.23	细粒砂岩	69.38	69.52	69.74	8.04	6.50	8.70	7.75	1.13
			19	74.00	3.28	砂质泥岩	—	—	—	—	—	—	—	—
			20	75.52	1.52	细粒砂岩	74.12	74.24	—	39.55	31.07	—	35.31	6.00
			21	75.79	0.27	砂质泥岩	—	—	—	—	—	—	—	—
			22	76.01	0.22	煤	—	—	—	—	—	—	—	—

续表

系	统	组	层号	埋深/m	厚度/m	岩性	取样深度/m 试样1	试样2	试样3	弹性模量/GPa 试样1	试样2	试样3	平均值	标准差
侏罗系（J）	中下统	延安组（$J_{1-2}y$）	23	84.00	7.99	粉砂岩	75.97	—	—	6.92	—	—	6.92	0
			24	86.47	2.47	砂质泥岩	84.22	—	—	5.53	—	—	5.53	0
			25	87.02	0.55	粉砂岩	86.47	87	—	5.59	6.23	—	5.91	0.45
			26	88.7	1.68	砂质泥岩	87.22	—	—	6.15	—	—	6.15	0
			27	91.52	2.82	粉砂岩	—	—	—	—	—	—	—	—
			28	91.68	0.16	煤	—	—	—	—	—	—	—	—
			29	93.61	1.93	砂质泥岩	90.75	—	—	12.43	—	—	12.43	0
			30	93.82	0.21	煤	—	—	—	—	—	—	—	—
			31	94.1	0.28	泥岩	—	—	—	—	—	—	—	—
			32	94.28	0.18	煤	—	—	—	—	—	—	—	—
			33	97.65	3.37	细粒砂岩	93.78	96.22	96.43	8.09	11.89	10.04	10.01	1.90
			34	97.84	0.19	煤	—	—	—	—	—	—	—	—
			35	100.72	2.88	砂质泥岩	—	—	—	—	—	—	—	—
			36	102.17	1.45	粉砂岩	—	—	—	—	—	—	—	—
			37	108.85	6.68	泥质粉砂岩	102.20	102.46	102.96	5.81	8.85	7.83	7.50	1.55
			38	109.02	0.17	煤	—	—	—	—	—	—	—	—
			39	110.25	1.23	细粒砂岩	108.87	109.05	109.17	5.77	1.38	5.42	4.19	2.44
			40	110.86	0.61	4-2煤	—	—	—	—	—	—	—	—
			41	114.82	3.96	泥岩	112.12	112.24	—	8.60	7.99	—	8.30	0.44
			42	118.72	3.9	细粒砂岩	117.14	117.25	—	10.13	9.31	—	9.72	0.58
			43	119.41	0.69	4-3煤	—	—	—	—	—	—	—	—
			44	121.82	2.41	细粒砂岩	120.26	120.38	120.60	17.92	15.86	13.00	15.59	2.47
			45	123.69	1.87	砂质泥岩	122.33	122.45	122.57	8.32	5.07	7.02	6.80	1.64

续表

地层系统 系	统	组	层号	埋深/m	厚度/m	岩性	取样深度/m 试样1	试样2	试样3	弹性模量/GPa 试样1	试样2	试样3	平均值	标准差
			46	124.29	0.6	细粒砂岩	123.69	123.81	123.93	9.31	9.77	9.56	9.55	0.23
			47	125.4	1.11	粉砂岩	124.71	124.83	—	11.52	11.80	—	11.66	0.20
			48	126.25	0.85	砂质泥岩	—	—	—	—	—	—	—	—
			49	126.95	0.7	细粒砂岩	—	—	—	—	—	—	—	—
			50	129.12	2.17	砂质泥岩	126.50	127.15	127.56	9.73	3.18	5.33	6.08	3.34
			51	135.47	6.35	粉砂岩	129.12	129.24	129.34	15.94	14.10	17.19	15.74	1.56
			52	140.15	4.68	中粒砂岩	135.59	135.71	—	13.57	14.70	—	14.13	0.80
			53	140.22	0.07	煤	—	—	—	—	—	—	—	—
			54	141.06	0.84	粉砂岩	140.15	140.63	—	9.19	9.40	—	9.30	0.15
侏罗系 (J)	中下统	延安组 (J₁₋₂y)	55	141.21	0.15	煤	—	—	—	—	—	—	—	—
			56	144.75	3.54	砂质泥岩	141.93	142.39	—	7.47	7.93	—	7.70	0.32
			57	175.62	30.87	细粒砂岩	146.86	147.02	147.14	13.34	12.95	16.04	14.11	1.69
			58	176.22	0.6	粉砂岩	175.83	175.95	—	14.30	13.64	—	13.97	0.46
			59	176.92	0.7	中粒砂岩	176.57	176.69	176.81	11.67	11.10	11.67	11.48	0.33
			60	179.33	2.41	粉砂岩	176.92	177.56	—	13.51	13.14	—	13.32	0.26
			61	187.02	7.69	5-2煤	180.03	180.2	180.31	2.13	2.12	2.15	2.13	0.01
			62	190.6	3.58	粉砂岩	187.84	187.96	188.08	10.96	14.69	18.17	14.61	3.61
			63	193.42	2.82	砂质泥岩	190.06	190.06	—	10.99	10.99	—	10.99	0.46
			64	197.82	4.4	粉砂岩	194.52	194.65	194.82	18.02	18.93	18.64	18.53	0.46

砂质泥岩弹性模量的范围为 1.34～5.88GPa，平均值约为 3.51GPa。但是延安组砂岩和砂质泥岩弹性模量较大，延安组中 4-3 煤以上覆岩中细粒砂岩弹性模量的范围为 4.19～35.31GPa，平均值约为 13.40GPa；砂质泥岩弹性模量的范围为 5.53～12.43GPa，平均值约为 7.88GPa。延安组 5-2 煤以上至 4-3 煤覆岩中砂岩弹性模量相对前面两个时期都有所增加，粉砂岩弹性模量范围为 9.30～15.74GPa，平均值约为 12.80GPa；细粒砂岩弹性模量范围为 9.55～15.59GPa，平均值约为 13.08GPa；但是其砂质泥岩弹性模量相对延安组 4-3 煤上覆岩层偏小，其弹性模量的范围为 6.08～7.70GPa，平均值约为 6.86GPa。5-2 煤底板中粉砂岩和砂质泥岩弹性模量较大，粉砂岩弹性模量的范围为 14.61～18.53GPa，平均值约为 16.57GPa；砂质泥岩弹性模量为 10.99GPa。

5.2.3　布尔台煤矿岩层弹性模量分析

表 5-6 为布尔台煤矿弹性模量统计表。布尔台煤矿 4-2 煤直接顶砂质泥岩弹性模量较大，达到了 10.56GPa；基本顶为粉砂岩，弹性模量为 10.85GPa，是 4-2 煤上覆岩层中弹性模量最大的岩层，说明基本顶为 4-2 煤层上覆岩层中刚度最大的岩层，其抵抗压缩变形的能力最大。4-2 煤底板往下 10m 内砂岩最大弹性模量为 10.48GPa，最小弹性模量为 6.08GPa。布尔台煤矿岩层弹性模量有一个很明显的特征，那就是白垩系志丹群、侏罗系安定组及侏罗系直罗组砂岩弹性模量普遍偏低，尤其是白垩系志丹群砂岩弹性模量特别低。在这几个沉积时期虽然砂质泥岩和泥岩抗压强度比砂岩要大很多，但是其弹性模量与砂岩相差很小。白垩系志丹群粉砂岩弹性模量的范围为 1.76～2.91GPa，平均值约为 2.31GPa；细粒砂岩弹性模量的范围为 0.75～1.39GPa，平均值约为 1.07GPa；中粒砂岩弹性模量为 0.52GPa；粗粒砂岩弹性模量的范围为 0.85～1.34GPa，平均值约为 1.09GPa；含砾粗砂岩弹性模量的范围为 0.94～1.31GPa，平均值约为 1.13GPa；在该沉积时期黏土页岩弹性模量仅为 1.73GPa，与该沉积时期砂岩弹性模量没有明显的差别。侏罗系安定组和直罗组中砂岩、砂质泥岩及泥岩弹性模量相对白垩系有所增大。在该沉积时期粉砂岩弹性模量的范围为 0.30～2.05GPa，平均值约为 1.22GPa；细粒砂岩弹性模量的范围为 1.27～2.32GPa，平均值约为 1.66GPa；中粒砂岩弹性模量的范围为 0.35～0.43GPa，平均值约为 0.39MPa；粗粒砂岩弹性模量的范围 0.57～2.27GPa，平均值约为 1.14GPa；砂质泥岩弹性模量的范围为 1.25～3.18GPa，平均值约为 2.00GPa。延安组 4-2 煤上覆岩层弹性模量整体增大了很多，该沉积时期砂质泥岩弹性模量的范围为 5.62～34.38GPa，平均值约为 12.08GPa；粗粒砂岩弹性模量的范围为 6.18～8.71GPa，平均值约为 7.45GPa；中粒砂岩弹性模量的范围为 3.81～9.67GPa，平均值约为 6.65GPa；细粒砂岩弹性模量为 6.60GPa；粉砂岩弹性模量的范围为 6.72～10.85GPa 平均值约为 8.79GPa。

表 5-6　布尔台煤矿岩层弹性模量统计表

| 地层系统 | | | 层号 | 埋深/m | 厚度/m | 岩性 | 取样深度/m | | | 弹性模量/GPa | | | | |
系	统	组					试样 1	试样 2	试样 3	试样 1	试样 2	试样 3	平均值	标准差
第四系 (Q)	—	Q₄	1	57.00	57.00	黄土	—	—	—	—	—	—	—	—
白垩系 (K)	下统	志丹群 (K₁zh)	2	97.12	40.12	含砾粗砂岩	59.06	59.18	59.30	1.37	0.99	1.58	1.31	0.30
			3	109.32	12.20	细粒砂岩	105.98	106.36	—	1.25	1.54	—	1.39	0.20
			4	114.12	4.80	粗粒砂岩	109.32	109.66	110.05	1.51	1.16	1.34	1.34	0.18
			5	116.72	2.60	粉砂岩	115.54	115.66	115.88	1.20	2.54	1.52	1.76	0.70
			6	117.52	0.80	细粒砂岩	—	—	—	—	—	—	—	—
			7	121.22	3.70	粗粒砂岩	117.62	117.77	117.17	0.87	0.86	0.82	0.85	0.02
			8	125.22	4.00	细粒砂岩	122.97	123.48	—	0.72	0.77	—	0.75	0.04
			9	126.02	0.80	含砾粗砂岩	125.22	125.38	—	1.26	0.61	—	0.94	0.40
			10	128.52	2.50	含砂泥岩	—	—	—	—	—	—	—	—
			11	132.02	3.52	粉砂岩	128.76	129.55	131.73	2.03	1.67	3.07	2.26	0.73
			12	133.92	3.90	粉砂质泥岩	132.14	132.76	—	1.84	1.05	—	1.45	0.56
			13	135.20	1.28	粗砂岩	133.92	134.58	134.70	1.53	4.88	2.30	2.91	1.75
			14	137.47	2.27	黏土页岩	135.20	—	—	1.73	—	—	1.73	0
			15	140.50	3.05	中粒砂岩	138.14	139.16	139.28	0.38	0.50	0.67	0.52	0.14
侏罗系 (J)	中统	安定组 (J₂a)	16	144.72	7.25	含砾粗砂岩	141.12	141.32	141.44	0.75	0.41	0.38	0.51	0.21

续表

地层系统			层号	埋深/m	厚度/m	岩性	取样深度/m			弹性模量/GPa				
系	统	组					试样 1	试样 2	试样 3	试样 1	试样 2	试样 3	平均值	标准差
休罗系 (J)	中统	安定组 (J₂a)	17	145.82	1.10	黏土页岩	144.97	—	—	1.90	—	—	1.90	0
			18	148.42	2.60	砂质泥岩	145.82	145.94	147.39	1.69	1.60	1.28	1.52	0.21
			19	151.12	2.70	粉砂岩	148.42	148.10	149.67	1.36	0.96	1.60	1.31	0.33
			20	155.92	4.80	砂质泥岩	151.12	151.27	151.64	1.41	1.14	1.21	1.25	0.14
			21	161.62	5.70	细粒砂岩	155.92	156.09	156.20	1.47	1.16	1.17	1.27	0.17
			22	169.22	7.60	砂质泥岩	162.96	163.08	163.20	1.34	1.15	1.99	1.49	0.44
			23	173.92	4.70	粉砂岩	169.22	169.76	169.89	0.44	0.33	0.14	0.30	0.15
			24	177.27	3.35	中粒砂岩	175.22	175.67	176.92	0.42	0.51	0.37	0.43	0.07
			25	199.32	22.05	砂质泥岩	178.75	179.92	181.27	1.92	1.92	1.66	1.83	0.15
		直罗组 (J₂z)	26	200.82	1.50	细粒砂岩	199.32	200.12	—	1.49	1.75	—	1.62	0.19
			27	202.02	1.20	泥岩	200.96	—	—	1.78	—	—	1.78	0
			28	203.22	1.20	粉砂岩	202.02	202.18	202.30	2.05	2.06	2.03	2.05	0.02
			29	206.22	3.10	砂质泥岩	203.22	203.52	—	2.09	2.09	—	2.09	0
			30	219.82	13.50	中粒砂岩	209.43	212.47	216.39	0.28	0.31	0.47	0.35	0.10
			31	220.77	0.95	泥岩	—	—	—	—	—	—	—	—
			32	221.22	0.45	砂质泥岩	—	—	—	—	—	—	—	—

续表

地层系统 系	统	组	层号	埋深/m	厚度/m	岩性	取样深度/m 试样 1	试样 2	试样 3	弹性模量/GPa 试样 1	试样 2	试样 3	平均值	标准差
侏罗系 (J)	中统	直罗组 (J$_2$z)	33	228.22	7.00	粗粒砂岩	221.62	—	—	0.57	—	—	0.57	—
			34	231.80	3.60	砂质泥岩	228.22	228.47	230.12	2.83	2.87	2.29	2.66	0.33
			35	233.42	1.60	细粒砂岩	231.82	231.94	232.06	2.42	2.20	2.33	2.32	0.11
			36	239.92	6.50	砂质泥岩	233.62	233.95	243.07	2.26	4.01	3.26	3.18	0.87
			37	245.12	5.20	粗粒砂岩	240.68	242.87	—	0.97	0.18	—	0.57	0.56
			38	248.52	3.40	砂质泥岩	—	—	—	—	—	—	—	—
			39	254.42	5.90	泥质砂岩	251.52	251.63	251.86	2.24	2.17	2.70	2.37	0.29
			40	263.52	9.10	细粒砂岩	254.79	255.04	255.17	1.57	1.69	1.11	1.46	0.30
			41	284.22	20.70	粗粒砂岩	263.52	263.72	266.72	1.50	3.10	2.22	2.27	0.80
	中下统	延安组 (J$_{1-2}$y)	42	284.52	0.30	粗粒砂岩	—	—	—	—	—	—	—	—
			43	284.72	0.20	泥岩	—	—	—	—	—	—	—	—
			44	285.32	0.60	1-2 上煤	—	—	—	—	—	—	—	—
			45	286.17	0.85	泥岩	—	—	—	—	—	—	—	—
			46	288.62	2.45	砂质泥岩	285.80	285.92	286.20	34.70	45.11	23.32	34.38	10.90
			47	289.32	0.70	含砾粗粒砂岩	—	—	—	—	—	—	—	—
			48	293.82	4.50	中粒砂岩	288.10	288.34	288.46	10.26	8.78	9.99	9.67	0.79

续表

地层系统			层号	埋深/m	厚度/m	岩性	取样深度/m			弹性模量/GPa				
系	统	组					试样1	试样2	试样3	试样1	试样2	试样3	平均值	标准差
侏罗系(J)	中下统	延安组($J_{1-2}y$)	49	294.02	0.20	煤	—	—	—	—	—	—	—	—
			50	295.82	1.80	粗粒砂岩	—	—	—	—	—	—	—	—
			51	298.92	3.10	砂质泥岩	296.30	296.52	—	5.46	5.78	—	5.62	0.22
			52	300.65	1.73	中粒砂岩	298.92	299.04	—	3.85	3.78	—	3.81	0.05
			53	301.22	0.57	1-2煤	—	—	—	—	—	—	—	—
			54	302.13	0.91	砂质泥岩	—	—	—	—	—	—	—	—
			55	303.13	1.00	细粒砂岩	302.42	—	—	6.60	—	—	6.60	0
			56	303.30	0.17	煤	—	—	—	—	—	—	—	—
			57	308.42	5.12	砂质泥岩	305.42	—	—	7.73	—	—	7.73	0
			58	314.92	6.50	中粒砂岩	308.42	308.80	308.92	6.36	6.33	7.15	6.61	0.47
			59	332.52	17.60	粗粒砂岩	314.92	315.07	315.31	9.83	8.59	7.71	8.71	1.06
			80	360.05	0.35	煤	—	—	—	—	—	—	—	—
			81	361.44	1.39	中粒砂岩	360.12	360.26	360.38	8.10	5.23	6.19	6.51	1.46
			82	361.68	0.24	煤	—	—	—	—	—	—	—	—
			83	361.81	0.13	泥岩	361.68	—	—	6.30	—	—	6.30	0
			84	361.92	0.11	煤	—	—	—	—	—	—	—	—

续表

地层系统 系	统	组	层号	埋深/m	厚度/m	岩性	取样深度/m 试样1	试样2	试样3	弹性模量/GPa 试样1	试样2	试样3	平均值	标准差
侏罗系(J)	中下统	延安组(J₁₋₂y)	85	363.07	1.15	粉砂岩	361.81	362.05	—	6.12	7.31	—	6.72	0.84
			86	363.39	0.32	2-2煤	—	—	—	—	—	—	—	—
			87	363.65	0.26	砂质泥岩	363.24	—	—	7.24	—	—	7.24	0
			88	366.56	2.91	粗粒砂岩	363.65	363.77	363.94	4.74	8.71	5.10	6.18	2.20
			89	366.70	0.14	砂质泥岩	—	—	—	—	—	—	—	—
			90	367.42	0.72	细粒砂岩	—	—	—	—	—	—	—	—
			91	378.32	10.90	砂质泥岩	367.42	367.92	368.25	6.55	7.23	7.00	6.92	0.34
			92	415.42	37.10	粉砂岩	381.66	381.78	381.90	11.48	11.78	9.29	10.85	1.36
			93	419.73	4.31	砂质泥岩	416.03	416.17	417.02	10.48	10.86	10.34	10.56	0.27
			94	426.29	6.56	4-2煤	—	—	—	—	—	—	—	—
			95	428.43	1.98	粗粒砂岩	426.38	426.50	426.56	5.85	4.72	9.07	6.55	2.26
			96	428.43	0.16	煤	—	—	—	—	—	—	—	—
			97	430.42	1.99	细粒砂岩	427.08	427.20	427.32	7.02	6.45	8.72	7.39	1.18
			98	432.02	1.60	中粒砂岩	429.38	429.55	429.70	4.68	5.46	8.10	6.08	1.79
			99	436.80	4.78	粉砂岩	432.02	432.14	432.25	10.69	10.57	10.19	10.48	0.26
			100	437.62	0.82	粗粒砂岩	435.03	435.13	435.23	7.60	6.44	7.67	7.24	0.69

5.3 神东矿区岩石抗拉强度分析

5.3.1 补连塔煤矿岩层抗拉强度分析

表 5-7 为补连塔煤矿岩层抗拉强度统计表。从表 5-7 可以看出补连塔煤矿 2-2 煤直接顶砂质泥岩抗拉强度相对较大，为 6.49MPa；其底板为泥岩和砂质泥岩，底板与直接顶一样，抗拉强度相对其他岩层较大，泥岩抗拉强度为 6.46MPa，砂质泥岩抗拉强度为 6.16MPa；但是其基本顶中粒砂岩抗拉强度相对直接顶和底板岩石要小很多，抗拉强度为 1.73MPa。补连塔煤矿 2-2 煤和 1-2 煤抗拉强度分别为 1.16MPa 和 1.69MPa。在补连塔煤矿延安组砂岩中，除细粒砂岩外，均比同组砂质泥岩及泥岩抗拉强度要低，砂岩抗拉强度的范围为 1.73～3.88MPa，平均值约为 3.04MPa；砂质泥岩抗拉强度的范围为 3.77～6.49MPa，平均值约为 4.87MPa，约为砂岩的 1.5 倍；延安组泥岩抗拉强度的范围为 4.18～6.46MPa，平均值约为 5.32MPa，是砂岩的 1.8 倍。直罗组砂质泥岩和泥岩抗拉强度相对要小很多，砂质泥岩抗拉强度最大值只有 3.84MPa，最小值为 1.30MPa，平均值约为 2.43MPa；泥岩抗拉强度为 1.53MPa，相比延安组泥岩要小很多。

5.3.2 大柳塔煤矿岩层抗拉强度分析

表 5-8 为大柳塔煤矿岩层抗拉强度统计表。大柳塔煤矿 5-2 煤直接顶粉砂岩抗拉强度为 9.26MPa；5-2 煤基本顶细粒砂岩抗拉强度为 5.00MPa；5-2 煤底板至向下 10m 内岩层分别为粉砂岩、砂质泥岩和粉砂岩，其抗拉强度分别为 7.84MPa、8.58MPa 和 7.22MPa；5-2 煤抗拉强度为 1.08MPa。从以上分析可以看出大柳塔煤矿的煤层顶板、底板和煤层抗拉强度都比较大，抵抗拉伸变形的能力很大。大柳塔煤矿砂岩抗拉强度相对比较大，覆岩中抗拉强度最大的为粉砂岩，其埋深在 176.92～179.33m，抗拉强度为 9.26MPa，该层岩层为 5-2 煤的直接顶。直罗组粉砂岩和砂质泥岩抗拉强度相对较小，粉砂岩抗拉强度的范围为 2.56～2.97MPa，平均值约为 2.80MPa；砂质泥岩抗拉强度的范围为 1.98～3.09MPa，平均值约为 2.58MPa。延安组中 5-2 煤以上岩层中砂质泥岩抗拉强度变化无明显规律，但粉砂岩抗拉强度总体呈增长的趋势，但是 5-2 煤—4-3 煤岩层粉砂岩和砂质泥岩抗拉强度增加得更明显。延安组 4-3 煤以上覆岩中粉砂岩抗拉强度的范围为 3.05～3.73MPa，平均值约为 3.46MPa；细粒砂岩抗拉强度的范围为 2.34～5.70MPa，平均值约为 4.08MPa。延安组 4-3 煤以上覆岩中砂质泥岩抗拉强度的范围为 3.92～

6.54MPa，平均值约为 5.22MPa。延安组 5-2 煤以上至 4-3 煤覆岩中粉砂岩抗拉强度增加较明显，粉砂岩抗拉强度的范围为 6.27～9.26MPa，平均值约为 7.88MPa；砂质泥岩抗拉强度的范围为 4.66～6.80MPa，平均值约为 5.62MPa。

5.3.3　布尔台煤矿岩层抗拉强度分析

表 5-9 为布尔台煤矿岩层抗拉强度统计表。布尔台煤矿 4-2 煤直接顶砂质泥岩抗拉强度是 4-2 煤覆岩中最大的，为 6.66MPa；基本顶为粉砂岩，虽然基本顶的岩层厚度达到了 37.10m，但是其抗拉强度只有 4.85MPa；4-2 煤底板主要为砂岩，其底板向下 10m 内砂岩最大抗拉强度为 5.61MPa，最小抗拉强度只有 1.82MPa。布尔台煤矿岩层抗拉强度与抗压强度很相似，都有一个很明显的特征，即砂岩抗拉强度普遍偏低，尤其是白垩系砂岩抗拉强度特别低，但是泥岩和砂质泥岩抗拉强度相对较高。白垩系粉砂岩抗拉强度的范围为 0.29～1.61MPa，平均值约为 0.77MPa；细粒砂岩抗拉强度的范围为 0.10～1.53MPa，平均值约为 0.4MPa；中粒砂岩抗拉强度为 0.23MPa；粗粒砂岩抗拉强度的范围为 0.25～0.44MPa，平均值约为 0.35MPa；含砾粗砂岩抗拉强度的范围为 0.18～1.08MPa，平均值约为 0.67MPa；然而在该沉积时期黏土页岩的抗拉强度达到了 2.85MPa，是该沉积时期粉砂岩抗拉强度的 3.6 倍，细粒砂岩抗拉强度的 7.1 倍，中粒砂岩抗拉强度的 12.4 倍，粗粒砂岩抗拉强度的 7.3 倍，含砾粗砂岩的 7.1 倍，明显高于该沉积时期砂岩抗拉强度。侏罗系安定组和直罗组中相对于白垩系这种现象有所减弱。在该沉积时期粉砂岩抗拉强度的范围为 1.55～2.07MPa，平均值约为 1.86MPa；细粒砂岩抗拉强度的范围为 0.49～1.80MPa，平均值约为 1.04MPa；中粒砂岩抗拉强度的范围为 0.13～0.20MPa，平均值约为 0.17MPa；粗粒砂岩抗拉强度的范围为 0.31～1.02MPa，平均值约为 0.63MPa；砂质泥岩抗拉强度的范围为 0.55～3.54MPa，平均值约为 2.40MPa。延安组 4-2 煤上覆岩层抗拉强度整体都有所增大，该沉积时期砂质泥岩抗拉强度的范围为 3.57～6.66MPa，平均值约为 4.46MPa；粗粒砂岩抗拉强度平均值只有 1.35MPa，砂质泥岩抗拉强度是其 3.3 倍；中粒砂岩抗拉强度平均值约为 2.26MPa，砂质泥岩抗拉强度约为其 2 倍；细粒砂岩抗拉强度为 2.46MPa，砂质泥岩抗拉强度约为其 1.8 倍；粉砂岩抗拉强度为 4.85MPa，约是砂质泥岩抗拉强的 1.1 倍。延安组 4-2 煤上覆岩层与白垩系相比，砂岩与砂质泥岩两者之间的抗拉强度差距有所减小。

表5-7 补连塔煤矿岩层抗拉强度统计表

地层系统 系	统	组	层号	埋深/m	厚度/m	岩性	取样深度/m 试样1	试样2	试样3	试样4	试样5	抗拉强度/MPa 试样1	试样2	试样3	试样4	试样5	平均值	标准差
第四系(Q)		Q4	1	6.42	6.42	风积砂	—	—	—	—	—	—	—	—	—	—	—	—
白垩系(K)		志丹群(K1zh)	2	12.00	5.58	粗粒砂岩	—	—	—	—	—	—	—	—	—	—	—	—
侏罗系(J)	中统	直罗组(J2z)	3	15.50	3.50	砂质泥岩	12.48	12.54	12.74	12.89	12.95	2.87	1.45	0.94	0.51	0.73	1.30	0.94
			4	17.92	2.42	泥岩	15.50	15.66	15.82	16.10	16.39	1.01	0.78	1.65	1.27	2.96	1.53	0.86
			5	20.30	2.38	砂质泥岩	18.79	18.86	19.79	19.86	20.02	2.44	2.9	1.89	1.94	1.56	2.15	0.53
			6	21.36	1.06	中粒砂岩	20.87	20.92	21.02	21.20	21.26	1.15	1.15	1.74	2.76	2.29	1.82	0.71
			7	24.35	2.99	砂质泥岩	21.36	21.41	21.99	22.05	22.43	2.12	2.72	4.53	4.2	5.65	3.84	1.42
			8	25.20	0.85	细粒砂岩	24.34	24.40	24.46	24.50	—	3.64	2.82	4.16	3.65	—	3.57	0.55
			9	27.34	2.14	砂质泥岩	25.20	25.26	25.92	26.10	26.54	4.1	3.19	2.89	3.31	5.37	3.77	1.00
			10	29.70	2.36	泥岩	27.72	27.85	28.25	28.31	28.37	4.34	5.09	5.38	1.65	4.42	4.18	1.48
			11	33.63	3.93	砂质泥岩	29.70	29.76	30.57	31.10	31.16	4.56	4.23	5.1	4.56	3.15	4.32	0.72
			12	34.75	1.12	1-1煤	33.63	33.69	33.93	33.99	34.46	2.26	3.81	1.92	0.71	2.26	2.19	1.11
			13	45.90	11.15	中粒砂岩	36.32	36.38	36.51	36.52	—	3.69	3.75	2.65	3.98	—	3.52	0.59
			14	46.90	1.00	砂质泥岩	45.90	45.97	46.05	46.14	46.80	4.06	5.35	4.14	4.11	5.63	4.66	0.77
			15	47.87	0.97	中粒砂岩	—	—	—	—	—	—	—	—	—	—	—	—
	中下统	延安组(J1-2y)	16	53.39	5.52	1-2煤	51.70	51.74	51.78	51.82	51.86	1.87	1.55	1.75	1.79	1.5	1.69	0.16
			17	57.36	3.97	砂质泥岩	54.76	55.14	55.19	55.24	55.29	3.07	4.27	4.34	3.07	4.47	3.84	0.71
			18	60.26	2.90	细粒砂岩	59.05	59.09	59.14	59.22	59.27	3.53	4.05	3.07	3.06	5.7	3.88	1.09
			19	90.14	29.88	中粒砂岩	61.30	62.11	62.16	62.52	62.57	1.55	1.82	2.34	1.51	1.45	1.73	0.37
			20	91.90	1.76	砂质泥岩	90.14	90.27	90.36	—	—	6.92	6.47	6.09	—	—	6.49	0.42
			21	99.37	7.47	2-2煤	92.07	93.60	98.55	98.83	98.88	1.23	0.77	1.11	1.12	1.59	1.16	0.29
			22	102.12	2.75	泥岩	99.37	100.32	102.24	—	—	4.79	6.72	7.87	—	—	6.46	1.56
			23	105.40	3.28	砂质泥岩	102.41	102.56	102.61	102.87	102.92	6.25	5.4	5.98	7.47	5.69	6.16	0.80
			24	106.90	1.50	细粒砂岩	—	—	—	—	—	—	—	—	—	—	—	—
			25	108.10	1.20	泥岩	—	—	—	—	—	—	—	—	—	—	—	—

表 5-8　大柳塔煤矿岩层抗拉强度统计表

系	统	组	层号	埋深/m	厚度/m	岩性	取样深度/m 试样1	试样2	试样3	试样4	试样5	抗拉强度/MPa 试样1	试样2	试样3	试样4	试样5	平均值	标准差
第四系 (Q)		Q4	1	10.90	10.90	风积砂	—	—	—	—	—	—	—	—	—	—	—	—
			2	21.90	11.00	黄土	—	—	—	—	—	—	—	—	—	—	—	—
侏罗系 (J)	中统	直罗组 (J₂z)	3	26.50	4.60	砂质泥岩	22.98	23.03	23.06	24.95	25.88	1.92	1.70	1.39	1.99	2.90	1.98	0.57
			4	27.90	1.40	粉砂岩	27.01	27.05	27.65	—	—	2.23	4.61	2.06	—	—	2.97	1.43
			5	30.42	2.52	砂质泥岩	27.90	27.94	28.47	28.51	28.96	3.00	6.23	2.40	2.14	1.66	3.09	1.82
			6	31.62	1.20	粉砂岩	30.42	31.00	—	—	—	2.59	3.13	—	—	—	2.86	0.38
			7	32.37	0.75	砂质泥岩	31.62	31.54	31.82	32.09	32.26	2.35	1.88	3.04	2.58	2.22	2.41	0.43
			8	33.46	1.09	煤	—	—	—	—	—	—	—	—	—	—	—	—
			9	37.58	4.12	泥岩	33.62	33.64	33.96	34.51	34.55	1.30	3.32	2.76	2.48	2.74	2.52	0.75
			10	39.32	1.74	粉砂岩	37.58	38.06	38.10	38.36	38.40	3.08	2.18	2.48	2.35	2.70	2.56	0.35
			11	45.58	6.26	砂质泥岩	42.79	42.83	42.87	43.16	43.35	2.72	2.06	3.00	2.95	3.36	2.82	0.48
			12	59.72	14.14	粗粒砂岩	48.32	54.89	58.20	58.24	58.57	1.39	0.61	0.78	0.91	1.40	1.02	0.36
			13	64.12	4.40	中粒砂岩	59.72	60.96	62.30	62.34	62.72	1.27	1.05	2.39	2.30	1.91	1.78	0.60
			14	67.23	3.11	砂质泥岩	64.33	64.51	64.91	64.95	65.57	3.55	2.99	4.60	4.75	3.70	3.92	0.74
	中下统	延安组 (J₁₋₂y)	15	67.50	0.27	3-2 煤	—	—	—	—	—	—	—	—	—	—	—	—
			16	69.38	1.88	粗粒砂岩	67.23	—	—	—	—	4.07	—	—	—	—	4.07	0
			17	69.49	0.11	煤	—	—	—	—	—	—	—	—	—	—	—	—
			18	70.72	1.23	细粒砂岩	69.38	—	—	—	—	2.34	—	—	—	—	2.34	0
			19	74.00	3.28	砂质泥岩	70.72	70.76	71.65	71.69	71.73	6.64	4.58	4.96	4.54	4.90	5.12	0.87
			20	75.52	1.52	细粒砂岩	74.17	74.21	—	—	—	1.93	3.57	—	—	—	2.75	1.16
			21	75.79	0.27	砂质泥岩	—	—	—	—	—	—	—	—	—	—	—	—

续表

系	统	组	层号	埋深/m	厚度/m	岩性	取样深度/m					抗拉强度/MPa					平均值	标准差
							试样 1	试样 2	试样 3	试样 4	试样 5	试样 1	试样 2	试样 3	试样 4	试样 5		
侏罗系 (J)	中下统	延安组 (J$_{1-2}$y)	22	76.01	0.22	煤	—	—	—	—	—	—	—	—	—	—	—	—
			23	84.00	7.99	粉砂岩	77.23	79.41	79.81	82.79	82.81	3.82	2.55	3.23	4.26	4.78	3.73	0.87
			24	86.47	2.47	砂质泥岩	84.40	84.44	84.60	84.64	85.62	5.08	5.11	2.54	4.22	5.20	4.43	1.13
			25	87.02	0.55	粉砂岩	86.69	86.73	—	—	—	4.32	2.87	—	—	—	3.60	1.03
			26	88.7	1.68	砂质泥岩	87.35	88.37	—	—	—	6.17	5.15	—	—	—	5.66	0.72
			27	91.52	2.82	粉砂岩	—	—	—	—	—	—	—	—	—	—	—	—
			28	91.68	0.16	煤	—	—	—	—	—	—	—	—	—	—	—	—
			29	93.61	1.93	砂质泥岩	90.75	91.78	—	—	—	9.03	4.06	—	—	—	6.54	3.52
			30	93.82	0.21	煤	—	—	—	—	—	—	—	—	—	—	—	—
			31	94.1	0.28	泥岩	—	—	—	—	—	—	—	—	—	—	—	—
			32	94.28	0.18	煤	—	—	—	—	—	—	—	—	—	—	—	—
			33	97.65	3.37	细粒砂岩	96.22	96.26	97.36	97.40	97.50	7.30	7.03	4.12	5.04	4.11	5.52	1.55
			34	97.84	0.19	煤	—	—	—	—	—	—	—	—	—	—	—	—
			35	100.72	2.88	砂质泥岩	99.22	99.99	100.03	100.12	100.16	3.17	6.51	6.58	5.97	6.05	5.65	1.42
			36	102.17	1.45	粉砂岩	100.72	101.66	101.70	101.74	102.02	3.80	2.51	1.85	3.13	3.95	3.05	0.88
			37	108.85	6.68	泥质粉砂岩	106.08	106.78	106.82	106.97	107.01	5.37	5.63	6.32	6.05	5.39	5.75	0.42
			38	109.02	0.17	煤	—	—	—	—	—	—	—	—	—	—	—	—
			39	110.25	1.23	细粒砂岩	109.02	109.20	109.50	110.04	—	2.58	1.89	3.08	6.67	—	3.56	2.13
			40	110.86	0.61	4-2 煤	—	—	—	—	—	—	—	—	—	—	—	—
			41	114.82	3.96	泥岩	112.43	112.47	112.51	112.72	114.56	4.72	4.41	6.17	6.75	4.07	5.22	1.17
			42	118.72	3.9	细粒砂岩	114.92	117.63	118.26	118.30	—	6.76	5.36	5.05	5.64	—	5.70	0.75
			43	119.41	0.69	4-3 煤	—	—	—	—	—	—	—	—	—	—	—	—

续表

系	统	组	层号	埋深/m	厚度/m	岩性	取样深度/m 试样1	试样2	试样3	试样4	试样5	抗拉强度/MPa 试样1	试样2	试样3	试样4	试样5	平均值	标准差
侏罗系(J)	中下统	延安组(J$_{1-2}$y)	44	121.82	2.41	细粒砂岩	121.47	121.51	121.71	121.75	121.79	5.60	5.26	6.25	5.44	7.50	6.01	0.91
			45	123.69	1.87	砂质泥岩	122.00	122.19	122.23	122.45	122.49	7.28	5.98	6.75	6.35	7.63	6.80	0.67
			46	124.29	0.6	细粒砂岩	123.62	123.89	123.93	123.97	—	4.72	6.34	6.38	5.95	—	5.85	0.78
			47	125.4	1.11	粉砂岩	124.65	124.69	124.73	124.84	—	5.88	5.82	6.58	6.82	—	6.27	0.50
			48	126.25	0.85	砂质泥岩	125.50	125.54	125.59	125.62	125.66	3.69	4.39	5.78	4.76	4.68	4.66	0.75
			49	126.95	0.7	细粒砂岩	126.25	126.29	126.56	126.10	126.64	6.82	7.71	5.69	6.60	6.32	6.63	0.74
			50	129.12	2.17	砂质泥岩	128.12	128.17	128.26	—	—	8.40	3.61	4.38	—	—	5.46	2.57
			51	135.47	6.35	粉砂岩	130.15	130.42	130.46	131.36	131.46	8.13	9.17	7.80	7.65	7.70	8.09	0.63
			52	140.15	4.68	中粒砂岩	136.65	136.69	136.73	137.84	137.88	3.23	3.15	2.87	8.48	10.38	5.62	3.54
			53	140.22	0.07	煤	—	—	—	—	—	—	—	—	—	—	—	—
			54	141.06	0.84	粉砂岩	140.40	140.44	140.48	140.52	140.56	6.83	7.83	8.66	7.59	8.61	7.90	0.76
			55	141.21	0.15	煤	—	—	—	—	—	—	—	—	—	—	—	—
			56	144.75	3.54	砂质泥岩	141.21	141.25	141.67	142.20	142.24	4.78	5.21	5.79	5.13	6.86	5.56	0.82
			57	175.62	30.87	细粒砂岩	150.02	150.40	150.44	150.48	152.00	4.36	5.24	5.68	5.82	3.91	5.00	0.83
			58	176.22	0.6	粉砂岩	—	—	—	—	—	—	—	—	—	—	—	—
			59	176.92	0.7	中粒砂岩	—	—	—	—	—	—	—	—	—	—	—	—
			60	179.33	2.41	粉砂岩	176.92	176.96	177.44	177.48	178.34	10.32	8.69	8.95	7.68	10.64	9.26	1.22
			61	187.02	7.69	5-2煤	179.53	181.04	181.59	183.09	184.59	1.29	0.81	1.05	0.69	1.53	1.08	0.35
			62	190.6	3.58	粉砂岩	185.79	185.83	190.19	190.23	190.27	5.94	8.71	8.86	7.29	8.42	7.84	1.23
			63	193.42	2.82	砂质泥岩	190.60	190.64	190.82	190.86	191.20	8.78	8.42	7.68	7.77	10.24	8.58	1.03
			64	197.82	4.4	粉砂岩	193.49	194.25	194.82	194.86	195.61	6.55	6.02	6.03	7.47	10.05	7.22	1.69

地层系统

表 5-9　布尔台煤矿岩层抗拉强度统计表

系	统	组	层号	埋深/m	厚度/m	岩性	取样深度/m 试样1	试样2	试样3	试样4	试样5	抗拉强度/MPa 试样1	试样2	试样3	试样4	试样5	平均值	标准差
第四系(Q)		Q₄	1	57.00	57.00	黄土	—	—	—	—	—	—	—	—	—	—	—	—
白垩系(K)	下统	志丹群（K_1zh）	2	97.12	40.12	含砾粗砂岩	57.30	59.06	59.44	59.50	59.56	0.00	1.07	1.05	1.11	0.80	0.81	0.47
							78.22	78.26	82.82	82.86	82.90	1.25	1.31	0.73	0.65	1.48	1.08	0.37
							86.73	86.85	86.89	86.93	86.97	0.49	0.28	0.55	1.41	1.53	0.85	0.57
							89.71	89.97	90.01	91.92	92.13	0.40	0.56	0.47	0.45	0.26	0.43	0.11
			3	109.32	12.20	细粒砂岩	100.78	100.82	100.86	100.90	100.94	1.36	2.26	1.59	1.24	1.18	1.53	0.44
							106.64	106.68	106.98	107.02	107.24	0.01	0.42	0.25	0.24	0.20	0.22	0.15
			4	114.12	4.80	粗粒砂岩	109.23	109.27	109.31	109.60	109.64	0.00	0.29	0.37	0.26	0.30	0.25	0.14
			5	116.72	2.60	粉砂岩	115.26	115.30	115.34	115.58	115.62	0.27	0.37	0.36	0.47	0.53	0.40	0.10
			6	117.52	0.80	细粒砂岩	116.72	116.76	116.92	116.96	117.01	0.57	0.37	0.15	0.01	0.00	0.22	0.25
			7	121.22	3.70	粗粒砂岩	121.22	121.26	121.55	—	—	0.44	0.42	0.48	—	—	0.44	0.03
			8	125.22	4.00	细粒砂岩	122.79	122.83	123.16	123.20	123.24	0.12	0.08	0.00	—	—	0.10	0.06
			9	126.02	0.80	含砾粗砂岩	125.60	125.70	125.87	—	—	0.19	0.25	0.45	—	—	0.18	0.13
			10	128.52	2.50	含砂泥岩	126.58	126.95	126.99	127.03	127.07	1.08	0.89	1.73	1.41	1.47	1.31	0.33
			11	132.02	3.52	粉砂岩	128.76	128.80	129.02	129.06	131.73	1.75	1.75	0.76	0.94	2.85	1.61	0.83
			12	133.92	3.90	粉砂质泥岩	132.62	132.66	132.70	132.96	133.01	0.90	1.00	1.04	0.91	1.14	1.00	0.10
			13	135.20	1.28	粉砂岩	133.13	133.21	—	—	—	0.27	0.30	—	—	—	0.29	0.02

续表

地层系统 系	统	组	层号	埋深/m	厚度/m	岩性	取样深度/m 试样1	试样2	试样3	试样4	试样5	抗拉强度/MPa 试样1	试样2	试样3	试样4	试样5	平均值	标准差
白垩系(K)	下统	志丹群(K₁zh)	14	137.47	2.27	黏土页岩	135.30	135.34	135.38	—	—	2.46	2.23	3.87	—	—	2.85	0.89
			15	140.50	3.05	中粒砂岩	138.80	138.84	139.56	139.83	139.87	0.24	0.24	0.18	0.20	0.32	0.23	0.05
			16	144.72	7.25	含砾粗砂岩	141.02	141.06	141.10	141.20	141.72	0.10	0.19	0.11	0.05	0.03	0.10	0.06
			17	145.82	1.10	黏土页岩	144.72	144.76	144.80	144.84	144.88	2.13	1.98	2.45	1.78	1.53	1.98	0.35
			18	148.42	2.60	砂质泥岩	147.02	147.06	147.22	147.39	—	2.12	1.70	1.66	2.12	—	1.90	0.25
			19	151.12	2.70	粉砂岩	150.02	150.06	150.32	150.36	—	2.74	2.54	1.70	0.84	—	1.96	0.87
侏罗系(J)	中统	安定组(J₂a)	20	155.92	4.80	砂质泥岩	151.30	151.34	152.92	152.96	—	0.32	0.54	0.59	0.74	—	0.55	0.17
			21	161.62	5.70	细粒砂岩	156.93	157.12	157.16	—	—	0.57	0.44	0.46	—	—	0.49	0.07
			22	169.22	7.60	砂质泥岩	162.76	162.80	162.84	162.96	163.01	3.36	3.57	2.15	2.50	2.26	2.77	0.65
			23	173.92	4.70	粉砂岩	171.69	171.73	171.77	171.81	173.69	1.04	1.25	1.42	1.48	2.54	1.55	0.58
			24	177.27	3.35	中粒砂岩	173.92	174.31	174.35	174.26	174.48	0.07	0.27	0.37	0.07	0.21	0.20	0.13
			25	199.32	22.05	砂质泥岩	197.94	197.98	198.57	198.61	198.81	2.17	2.80	1.83	2.50	2.26	2.36	0.37
		直罗组(J₂z)	26	200.82	1.50	细粒砂岩	200.12	200.16	200.20	—	—	1.33	1.35	1.38	—	—	1.35	0.02
			27	202.02	1.20	泥岩	—	—	—	—	—	—	—	—	—	—	—	—
			28	203.22	1.20	粉砂岩	202.41	202.45	202.49	202.02	—	2.59	2.28	1.74	1.69	—	2.07	0.43
			29	206.22	3.10	砂质泥岩	203.35	203.39	204.12	204.32	204.36	3.32	2.85	2.79	2.67	2.39	2.80	0.34
			30	219.82	13.50	中粒砂岩	209.55	208.70	209.74	209.82	—	0.08	0.03	0.34	0.05	—	0.13	0.14

续表

地层系统			层号	埋深/m	厚度/m	岩性	取样深度/m					抗拉强度/MPa					平均值	标准差
系	统	组					试样1	试样2	试样3	试样4	试样5	试样1	试样2	试样3	试样4	试样5		
侏罗系(J)	中统	直罗组 (J₂z)	31	220.77	0.95	泥岩	218.89	219.16	219.20	219.41	—	0.65	2.45	3.29	2.38	—	2.19	1.11
			32	221.22	0.45	砂质泥岩	220.77	220.81	220.92	220.96	—	2.70	3.33	2.39	2.45	—	2.71	0.43
			33	228.22	7.00	粗粒砂岩	221.99	222.03	222.16	222.20	222.24	0.56	0.84	0.49	0.43	0.42	0.55	0.17
			34	231.80	3.60	砂质泥岩	230.12	230.16	230.21	230.28	230.58	3.29	2.56	3.05	1.98	1.66	2.51	0.69
			35	233.42	1.60	细粒砂岩	231.82	231.86	232.26	232.81	232.85	1.79	2.06	2.00	2.00	1.16	1.80	0.38
			36	239.92	6.50	砂质泥岩	234.62	236.73	236.90	236.94	237.62	2.47	3.97	3.70	3.39	4.19	3.54	0.67
			37	245.12	5.20	粗粒砂岩	240.07	240.11	240.54	242.87	—	0.31	0.57	0.31	0.03	—	0.31	0.22
			38	248.52	3.40	砂质泥岩	246.10	246.14	246.20	246.88	246.92	2.34	1.94	2.70	3.45	2.05	2.50	0.61
			39	254.42	5.90	泥质砂岩	251.52	251.56	252.56	253.37	253.57	2.81	3.09	2.67	2.99	3.89	3.09	0.47
			40	263.52	9.10	细粒砂岩	254.67	254.71	254.75	254.80	255.51	0.65	0.58	0.43	0.65	0.34	0.53	0.14
			41	284.22	20.70	粗粒砂岩	263.72	273.84	273.88	275.52	282.05	1.87	1.12	0.73	0.75	0.62	1.02	0.51
	中下统	延安组 (J₁₋₂y)	42	284.52	0.30	粗粒砂岩	—	—	—	—	—	—	—	—	—	—	—	—
			43	284.72	0.20	泥岩	—	—	—	—	—	—	—	—	—	—	—	—
			44	285.32	0.60	1-2上煤	—	—	—	—	—	—	—	—	—	—	—	—
			45	286.17	0.85	泥岩	284.90	284.94	285.30	285.34	287.42	9.49	6.33	2.45	4.51	1.63	4.88	3.16
			46	288.62	2.45	砂质泥岩	—	—	—	—	—	—	—	—	—	—	—	—
			47	289.32	0.70	含砾粗砂岩	—	—	—	—	—	—	—	—	—	—	—	—

续表

地层系统			层号	埋深/m	厚度/m	岩性	取样深度/m					抗拉强度/MPa						
系	统	组					试样1	试样2	试样3	试样4	试样5	试样1	试样2	试样3	试样4	试样5	平均值	标准差
侏罗系(J)	中下统	延安组 (J1-2y)	48	293.82	4.50	中粒砂岩	289.32	289.36	289.40	289.60	289.64	0.99	1.14	1.05	0.99	0.57	0.95	0.22
			49	294.02	0.20	煤	—	—	—	—	—	—	—	—	—	—	—	—
			50	295.82	1.80	粗粒砂岩	—	—	—	—	—	—	—	—	—	—	—	—
			51	298.92	3.10	砂质泥岩	296.42	296.46	296.67	296.71	296.76	4.30	3.79	3.94	4.25	3.65	3.99	0.28
			52	300.65	1.73	中粒砂岩	298.92	299.38	299.52	299.56	299.70	1.79	2.94	4.12	2.83	2.39	2.81	0.86
			53	301.22	0.57	1-2煤	—	—	—	—	—	—	—	—	—	—	—	—
			54	302.13	0.91	砂质泥岩	—	—	—	—	—	—	—	—	—	—	—	—
			55	303.13	1.00	细粒砂岩	302.42	302.58	302.62	302.66	302.70	2.39	2.26	2.43	2.60	2.65	2.46	0.16
			56	303.30	0.17	煤	—	—	—	—	—	—	—	—	—	—	—	—
			57	308.42	5.12	砂质泥岩	305.91	305.95	305.99	306.10	306.14	3.51	5.02	4.02	4.81	4.46	4.36	0.61
			58	314.92	6.50	中粒砂岩	308.59	309.47	311.72	312.29	312.33	1.16	2.31	5.22	2.14	4.26	3.02	1.67
			59	332.52	17.60	粗粒砂岩	318.85	320.33	323.87	324.97	328.82	1.68	1.26	1.76	1.03	1.03	1.35	0.35
			80	360.05	0.35	煤	—	—	—	—	—	—	—	—	—	—	—	—
			81	361.44	1.39	中粒砂岩	—	—	—	—	—	—	—	—	—	—	—	—
			82	361.68	0.24	煤	—	—	—	—	—	—	—	—	—	—	—	—
			83	361.81	0.13	泥岩	—	—	—	—	—	—	—	—	—	—	—	—
			84	361.92	0.11	煤	—	—	—	—	—	—	—	—	—	—	—	—

续表

地层系统							取样深度/m					抗拉强度/MPa						
系	统	组	层号	埋深/m	厚度/m	岩性	试样1	试样2	试样3	试样4	试样5	试样1	试样2	试样3	试样4	试样5	平均值	标准差
侏罗系(J)	中下统	延安组(J$_{1-2}$y)	85	363.07	1.15	粉砂岩	—	—	—	—	—	—	—	—	—	—	—	—
			86	363.39	0.32	2-2煤	—	—	—	—	—	—	—	—	—	—	—	—
			87	363.65	0.26	砂质泥岩	—	—	—	—	—	—	—	—	—	—	—	—
			88	366.56	2.91	粗粒砂岩	—	—	—	—	—	—	—	—	—	—	—	—
			89	366.70	0.14	砂质泥岩	364.85	364.89	364.93	—	—	2.41	5.40	2.89	—	—	3.57	1.61
			90	367.42	0.72	细粒砂岩	—	—	—	—	—	—	—	—	—	—	—	—
			91	378.32	10.90	砂质泥岩	366.42	366.46	366.53	366.89	366.93	2.89	3.39	4.03	4.06	4.26	3.73	0.57
			92	415.42	37.10	粉砂岩	381.46	381.50	382.92	385.29	385.33	4.17	4.35	5.79	4.65	5.30	4.85	0.68
			93	419.73	4.31	砂质泥岩	418.59	419.08	419.12	419.16	419.20	6.39	6.69	7.13	6.71	6.39	6.66	0.31
			94	426.29	6.56	4-2煤	420.87	420.91	420.95	423.12	423.17	1.85	2.28	1.32	1.11	0.34	1.38	0.74
			95	428.43	1.98	粗粒砂岩	—	—	—	—	—	—	—	—	—	—	—	—
			96	428.43	0.16	煤	—	—	—	—	—	—	—	—	—	—	—	—
			97	430.42	1.99	细粒砂岩	428.35	428.39	428.69	428.73	429.12	7.18	3.98	4.74	5.55	6.60	5.61	1.31
			98	432.02	1.60	中粒砂岩	430.12	430.91	430.96	431.01	431.12	1.54	6.88	6.63	4.36	2.85	4.45	2.33
			99	436.80	4.78	粉砂岩	432.47	432.52	432.91	432.95	432.99	5.41	4.77	5.82	7.03	2.33	5.07	1.74
			100	437.62	0.82	粗粒砂岩	437.62	437.67	437.72	437.77	—	1.19	2.18	2.00	1.89	—	1.82	0.43

5.4　神东矿区岩石三轴抗压强度分析

5.4.1　补连塔煤矿岩层三轴抗压强度分析

表 5-10 为补连塔煤矿岩层三轴抗压强度统计表。从表 5-10 可以看出补连塔煤矿 2-2 煤基本顶为中粒砂岩，基本顶中粒砂岩在围压分别为 5MPa、10MPa、15MPa、20MPa、25MPa 时的三轴抗压强度分别为 68.89MPa、84.44MPa、95.39MPa、103.79MPa、127.00MPa；底板为泥岩和砂质泥岩，泥岩在围压分别为 5MPa、10MPa、15MPa、20MPa、25MPa 时的三轴抗压强度分别为 112.99MPa、112.73MPa、130.90MPa、147.17MPa、181.66MPa；砂质泥岩在围压分别为 5MPa、10MPa、15MPa、20MPa、25MPa 时的三轴抗压强度分别为 105.83MPa、113.49MPa、136.11MPa、135.42MPa、142.13MPa。从表 4-10 可以看出，在围压分别为 5MPa、10MPa、15MPa、20MPa、25MPa 时，地层中三轴抗压强度最大的岩层分别为泥岩（112.99MPa）、砂质泥岩（178.43MPa）、砂质泥岩（209.52MPa）、泥岩（147.17MPa）、泥岩（181.66MPa）。补连塔煤矿 2-2 煤在围压分别为 5MPa、10MPa、15MPa、20MPa、25MPa 时的三轴抗压强度分别为 64.68MPa、92.40MPa、100.92MPa、102.43MPa、149.89MPa；1-2 煤在围压分别为 5MPa、10MPa、15MPa、20MPa、25MPa 时的三轴抗压强度分别为 58.28MPa、81.73MPa、94.86MPa、111.42MPa、101.68MPa。根据岩性分类情况，每层岩石全应力-应变曲线详细情况如图 5-4 所示。

5.4.2　大柳塔煤矿岩层三轴抗压强度分析

表 5-11 为大柳塔煤矿岩层三轴抗压强度统计表。大柳塔煤矿 5-2 煤直接顶为粉砂岩，直接顶粉砂岩在围压分别为 5MPa、10MPa、15MPa、20MPa 时的三轴抗压强度分别为 122.50MPa、136.55MPa、146.80MPa、139.93MPa；5-2 煤基本顶为细粒砂岩，在围压分别为 5MPa、10MPa、15MPa、20MPa、25MPa 时的三轴抗压强度分别为 103.74MPa、146.26MPa、179.65MPa、180.96MPa、173.28MPa；其底板也为粉砂岩，在围压分别为 5MPa、10MPa、15MPa、20MPa、25MPa 时的三轴抗压强度分别为 111.81MPa、130.24MPa、139.75MPa、162.49MPa、149.71MPa；5-2 煤在围压分别为 5MPa、10MPa、15MPa、20MPa 时的三轴抗压强度分别为 78.31MPa、92.55MPa、103.11MPa、121.28MPa。大柳塔煤矿砂岩三轴抗压强度相对比较大，5MPa、10MPa、15MPa、20MPa 时覆岩中三轴抗压强度最大的均为第 64 层的粉砂岩，其埋深为 193.42～197.82m，对应的三轴抗压强度分别为 141.28MPa、186.22MPa、199.08MPa、197.11MPa；

表 5-10 补连塔煤矿岩层三轴抗压强度统计表

系	统	组	层号	埋深/m	厚度/m	岩性	取样深度/m 5MPa	10MPa	15MPa	20MPa	25MPa	三轴抗压强度/MPa 5MPa	10MPa	15MPa	20MPa	25MPa
第四系(Q)		Q4	1	6.42	6.42	风积砂	—	—	—	—	—	—	—	—	—	—
白垩系(K)		志丹群(K₁zh)	2	12.00	5.58	粗粒砂岩	—	—	—	—	—	—	—	—	—	—
侏罗系(J)	中统	直罗组(J₂z)	3	15.50	3.50	砂质泥岩	—	—	—	—	—	—	—	—	—	—
			4	17.92	2.42	泥岩	—	—	—	—	—	—	—	—	—	—
			5	20.30	2.38	砂质泥岩	19.31	19.45	19.58	—	—	89.59	178.43	209.52	—	—
			6	21.36	1.06	中粒砂岩	—	—	—	—	—	—	—	—	—	—
			7	24.35	2.99	砂质泥岩	22.18	23.16	23.55	23.66	23.83	77.74	92.67	111.04	121.83	125.85
			8	25.20	0.85	细粒砂岩	24.97	—	25.10	—	25.25	63.87	—	93.64	—	108.45
			9	27.34	2.14	砂质泥岩	28.64	30.34	28.87	28.63	28.75	76.55	105.10	110.63	141.72	142.46
			10	29.70	2.36	泥岩	—	—	—	—	—	—	—	—	—	—
			11	33.63	3.93	砂质泥岩	30.89	30.99	31.10	31.21	31.41	52.46	92.95	121.15	127.34	134.19
			12	34.75	1.12	1-1煤	—	—	—	—	—	—	—	—	—	—
	中下统	延安组(J₁₋₂y)	13	45.90	11.15	中粒砂岩	36.32	37.00	37.12	37.24	37.36	72.23	88.90	103.79	114.98	128.63
			14	46.90	1.00	砂质泥岩	—	—	—	—	—	—	—	—	—	—
			15	47.87	0.97	中粒砂岩	47.30	—	46.70	—	46.82	64.01	—	102.52	—	139.67
			16	53.39	5.52	1-2煤	48.86	49.10	49.21	49.49	49.69	58.28	81.73	94.86	111.42	101.68
			17	57.36	3.97	砂质泥岩	56.64	55.65	55.99	57.88	57.76	75.35	80.97	99.83	120.59	119.81
			18	60.26	2.90	细粒砂岩	60.24	58.72	58.83	59.94	60.07	62.53	92.08	114.04	122.06	139.08
			19	90.14	29.88	中粒砂岩	60.37	60.49	61.02	61.14	61.30	68.89	84.44	95.39	103.79	127.00
			20	91.90	1.76	砂质泥岩	—	—	—	—	—	—	—	—	—	—
			21	99.37	7.47	2-2煤	97.27	98.03	96.40	93.60	33-9-2	64.68	92.40	100.92	102.43	149.89
			22	102.12	2.75	泥岩	105.24	101.65	101.76	101.91	102.12	112.99	112.73	130.90	147.17	181.66
			23	105.40	3.28	砂质泥岩	104.48	104.79	105.12	105.26	105.40	105.83	113.49	136.11	135.42	142.13
			24	106.90	1.50	细粒砂岩	—	—	—	—	—	—	—	—	—	—
			25	108.10	1.20	泥岩	—	—	—	—	—	—	—	—	—	—

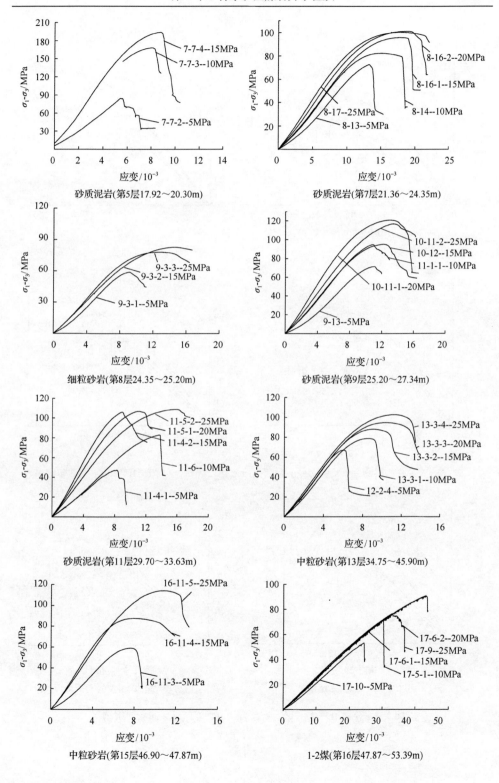

砂质泥岩(第5层17.92~20.30m)

砂质泥岩(第7层21.36~24.35m)

细粒砂岩(第8层24.35~25.20m)

砂质泥岩(第9层25.20~27.34m)

砂质泥岩(第11层29.70~33.63m)

中粒砂岩(第13层34.75~45.90m)

中粒砂岩(第15层46.90~47.87m)

1-2煤(第16层47.87~53.39m)

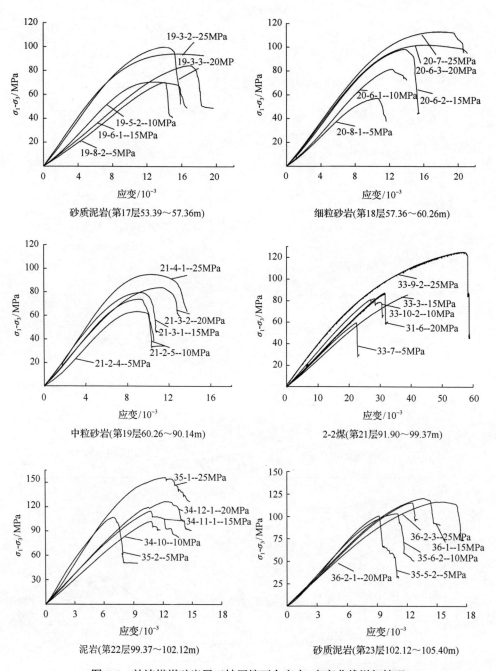

图 5-4　补连塔煤矿岩层三轴压缩下全应力-应变曲线详细情况

表 5-11　大柳塔煤矿岩层三轴抗压强度统计表

| 地层系统 | | | 层号 | 埋深/m | 厚度/m | 岩性 | 取样深度/m | | | | | 三轴抗压强度/MPa | | | | |
系	统	组					5MPa	10MPa	15MPa	20MPa	25MPa	5MPa	10MPa	15MPa	20MPa	25MPa
第四系 (Q)		Q₄	1	10.90	10.90	风积砂	—	—	—	—	—	—	—	—	—	—
			2	21.90	11.00	黄土	—	—	—	—	—	—	—	—	—	—
侏罗系 (J)	中统	直罗组 (J₂z)	3	26.50	4.60	砂质泥岩	24.95	22.58	22.70	23.37	23.49	57.86	72.54	85.47	96.92	103.76
			4	27.90	1.40	粉砂岩	27.65	27.00	27.42	27.54	—	61.04	75.56	104.21	132.17	—
			5	30.42	2.52	砂质泥岩	—	—	—	—	—	—	—	—	—	—
			6	31.62	1.20	粉砂岩	—	—	—	—	—	—	—	—	—	—
			7	32.37	0.75	砂质泥岩	32.75	32.92	33.04	33.18	—	65.28	99.58	111.23	109.07	—
			8	33.46	1.09	煤	—	—	—	—	—	—	—	—	—	—
			9	37.58	4.12	泥岩	36.96	35.66	34.72	36.06	35.02	58.17	87.74	105.69	121.23	140.56
			10	39.32	1.74	粉砂岩	38.58	38.45	38.27	38.88	38.15	70.46	83.63	106.29	111.89	142.93
			11	45.58	6.26	砂质泥岩	41.04	41.16	42.41	42.54	42.66	83.75	100.21	101.39	109.27	123.75
			12	59.72	14.14	粗粒砂岩	48.32	47.29	47.77	47.65	47.45	40.59	59.14	66.26	78.01	81.18
			13	64.12	4.40	中粒砂岩	60.56	60.07	60.32	60.44	60.73	43.30	65.25	81.46	94.62	103.68
			14	67.23	3.11	砂质泥岩	64.94	65.14	65.26	64.54	64.66	96.71	108.02	118.77	135.49	139.45
	中下统	延安组 (J₁₋₂y)	15	67.50	0.27	3-2煤	—	—	—	—	—	—	—	—	—	—
			16	69.38	1.88	粗粒砂岩	69.57	69.69	69.81	69.93	70.12	69.84	82.72	106.22	116.11	130.54
			17	69.49	0.11	煤	—	—	—	—	—	—	—	—	—	—
			18	70.72	1.23	细粒砂岩	70.42	—	70.54	70.66	70.66	83.47	—	127.97	—	150.65
			19	74.00	3.28	砂质泥岩	—	—	—	—	—	—	—	—	—	—
			20	75.52	1.52	细粒砂岩	—	—	—	—	—	—	—	—	—	—
			21	75.79	0.27	砂质泥岩	—	—	—	—	—	—	—	—	—	—

续表

| 地层系统 | | | 层号 | 埋深/m | 厚度/m | 岩性 | 取样深度/m | | | | | 三轴抗压强度/MPa | | | | |
系	统	组					5MPa	10MPa	15MPa	20MPa	25MPa	5MPa	10MPa	15MPa	20MPa	25MPa
侏罗系 (J)	中下统 (J₁₋₂)	延安组 (J₁₋₂y)	22	76.01	0.22	煤	—	—	—	—	—	—	—	—	—	—
			23	84.00	7.99	粉砂岩	76.32	76.50	76.62	77.06	77.33	81.94	93.47	108.68	110.06	120.05
			24	86.47	2.47	砂质泥岩	—	—	—	—	—	—	—	—	—	—
			25	87.02	0.55	粉砂岩	86.83	—	87.10	—	86.69	77.29	—	109.45	—	130.92
			26	88.7	1.68	砂质泥岩	—	—	—	—	—	—	—	—	—	—
			27	91.52	2.82	粉砂岩	—	—	—	—	—	—	—	—	—	—
			28	91.68	0.16	煤	—	—	—	—	—	—	—	—	—	—
			29	93.61	1.93	砂质泥岩	—	—	—	—	—	—	—	—	—	—
			30	93.82	0.21	煤	—	—	—	—	—	—	—	—	—	—
			31	94.1	0.28	泥岩	—	—	—	—	—	—	—	—	—	—
			32	94.28	0.18	煤	—	—	—	—	—	—	—	—	—	—
			33	97.65	3.37	细粒砂岩	96.43	96.79	96.92	97.01	97.13	73.94	95.02	106.02	164.34	204.75
			34	97.84	0.19	煤	—	—	—	—	—	—	—	—	—	—
			35	100.72	2.88	砂质泥岩	—	—	—	—	—	—	—	—	—	—
			36	102.17	1.45	粉砂岩	—	—	—	—	—	—	—	—	—	—
			37	108.85	6.68	泥质粉砂岩	104.28	104.57	104.69	104.81	105.02	85.76	109.82	125.31	147.70	160.06
			38	109.02	0.17	煤	—	—	—	—	—	—	—	—	—	—
			39	110.25	1.23	细粒砂岩	109.61	109.82	109.94	109.34	110.06	71.23	99.39	114.35	131.07	134.44
			40	110.86	0.61	4-2煤	—	—	—	—	—	—	—	—	—	—
			41	114.82	3.96	泥岩	113.72	113.84	114.41	113.24	114.57	106.88	125.00	130.87	149.39	165.48
			42	118.72	3.9	细粒砂岩	117.92	117.27	117.39	117.52	118.05	80.37	103.36	117.96	134.94	138.19
			43	119.41	0.69	4-3煤	—	—	—	—	—	—	—	—	—	—

续表

地层系统			层号	埋深/m	厚度/m	岩性	取样深度/m					三轴抗压强度/MPa				
系	统	组					5MPa	10MPa	15MPa	20MPa	25MPa	5MPa	10MPa	15MPa	20MPa	25MPa
侏罗系 (J)	中下统	延安组 ($J_{1-2}y$)	44	121.82	2.41	细粒砂岩	121.47	121.59	121.17	120.59	120.72	93.23	108.96	111.23	129.94	157.63
			45	123.69	1.87	砂质泥岩	122.57	122.69	122.71	122.86	123.06	90.59	115.88	128.02	142.03	141.19
			46	124.29	0.6	细粒砂岩	—	—	—	—	—	—	—	—	—	—
			47	125.40	1.11	粉砂岩	125.03	—	125.15	—	125.26	80.18	—	138.55	—	138.85
			48	126.25	0.85	砂质泥岩	—	—	—	—	—	—	—	—	—	—
			49	126.95	0.7	细粒砂岩	—	—	—	—	—	—	—	—	—	—
			50	129.12	2.17	砂质泥岩	126.81	126.92	127.06	127.32	126.69	90.96	111.42	124.61	175.46	170.42
			51	135.47	6.35	粉砂岩	129.51	129.63	130.05	130.43	131.24	109.03	114.39	149.70	177.14	158.41
			52	140.15	4.68	中粒砂岩	135.36	135.48	135.91	136.03	136.16	77.74	91.57	101.95	117.18	130.23
			53	140.22	0.07	煤	—	—	—	—	—	—	—	—	—	—
			54	141.06	0.84	粉砂岩	139.91	—	140.11	—	140.38	90.07	—	121.78	—	141.98
			55	141.21	0.15	煤	—	—	—	—	—	—	—	—	—	—
			56	144.75	3.54	砂质泥岩	—	—	—	—	—	—	—	—	—	—
			57	175.62	30.87	细粒砂岩	147.02	147.14	147.26	147.55	147.73	103.74	146.26	179.65	180.96	173.28
			58	176.22	0.6	粉砂岩	—	—	—	—	—	—	—	—	—	—
			59	176.92	0.7	中粒砂岩	—	—	—	—	—	—	—	—	—	—
			60	179.33	2.41	粉砂岩	178.49	178.62	178.78	179.52	—	122.50	136.55	146.80	139.93	—
			61	187.02	7.69	5-2煤	184.45	184.27	183.03	182.53	—	78.31	92.55	103.11	121.28	—
			62	190.60	3.58	粉砂岩	188.82	188.00	188.54	188.66	189.39	111.81	130.24	139.75	162.49	149.71
			63	193.42	2.82	砂质泥岩	191.36	—	193.19	193.19	193.31	117.22	—	154.36	—	181.59
			64	197.82	4.4	粉砂岩	195.05	195.17	195.29	194.82	195.61	141.28	186.22	199.08	197.11	160.03

25MPa 时覆岩中三轴抗压强度最大的为 33 层的细粒砂岩，其埋深在 94.28～97.65m，三轴抗压强度为 204.75MPa。根据岩性分类情况，每层岩石三轴压缩下全应力-应变曲线详细情况如图 5-5 所示。

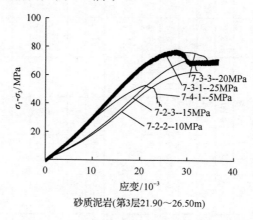

砂质泥岩(第3层21.90～26.50m)

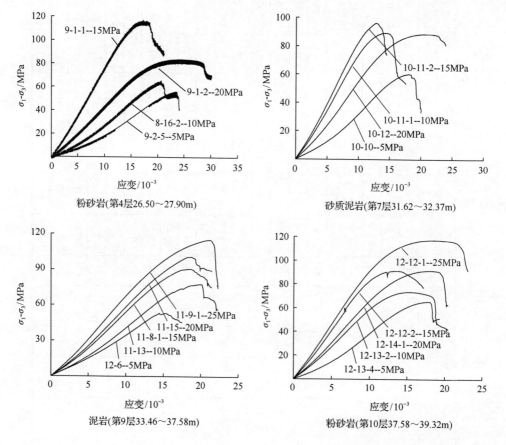

粉砂岩(第4层26.50～27.90m)

砂质泥岩(第7层31.62～32.37m)

泥岩(第9层33.46～37.58m)

粉砂岩(第10层37.58～39.32m)

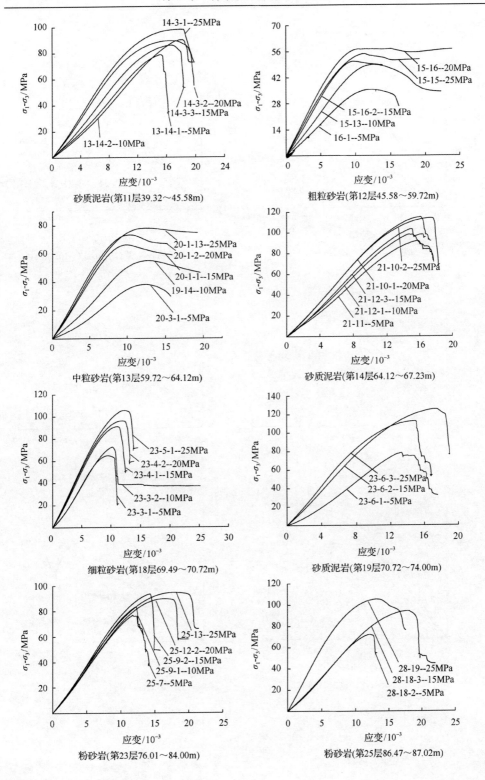

砂质泥岩(第11层39.32~45.58m)

粗粒砂岩(第12层45.58~59.72m)

中粒砂岩(第13层59.72~64.12m)

砂质泥岩(第14层64.12~67.23m)

细粒砂岩(第18层69.49~70.72m)

砂质泥岩(第19层70.72~74.00m)

粉砂岩(第23层76.01~84.00m)

粉砂岩(第25层86.47~87.02m)

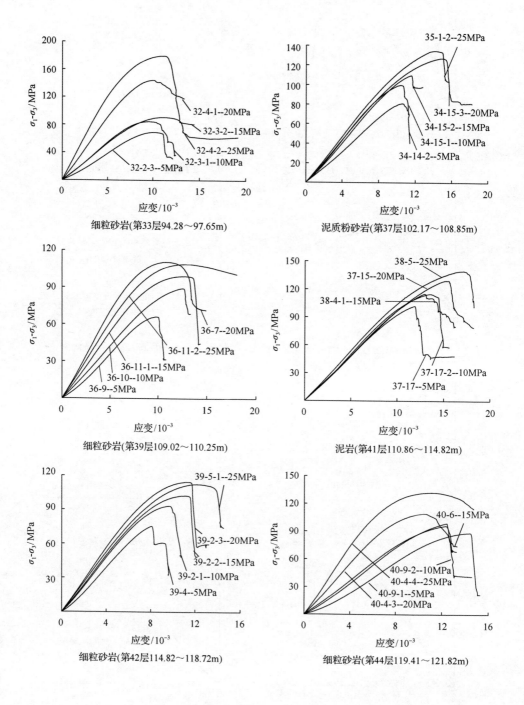

细粒砂岩(第33层94.28～97.65m)

泥质粉砂岩(第37层102.17～108.85m)

细粒砂岩(第39层109.02～110.25m)

泥岩(第41层110.86～114.82m)

细粒砂岩(第42层114.82～118.72m)

细粒砂岩(第44层119.41～121.82m)

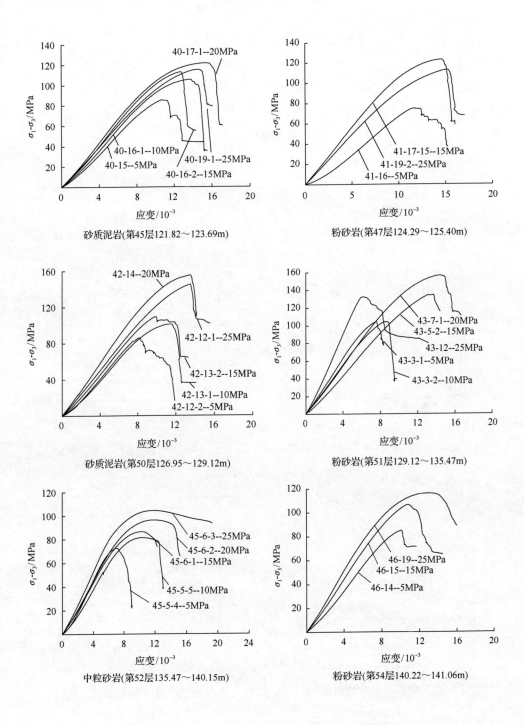

砂质泥岩(第45层121.82～123.69m)

粉砂岩(第47层124.29～125.40m)

砂质泥岩(第50层126.95～129.12m)

粉砂岩(第51层129.12～135.47m)

中粒砂岩(第52层135.47～140.15m)

粉砂岩(第54层140.22～141.06m)

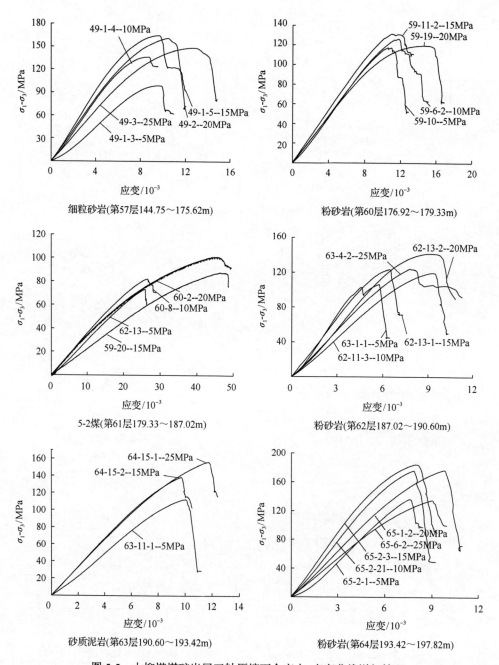

图 5-5　大柳塔煤矿岩层三轴压缩下全应力-应变曲线详细情况

5.4.3　布尔台煤矿岩层三轴抗压强度分析

表 5-12 为布尔台煤矿岩层三轴压抗压强度统计表。布尔台煤矿主采 4-2 煤，4-2 煤直接顶为砂质泥岩，直接顶砂质泥岩在围压分别为 5MPa、10MPa、15MPa、20MPa、25MPa 时的三轴抗压强度分别为 107.24MPa、115.85MPa、124.34MPa、137.02MPa、162.23MPa；基本顶为粉砂岩，虽然基本顶的岩层厚度达到了 37.10m，但是其三轴抗压强度不是很大，基本顶粉砂岩在围压分别为 5MPa、10MPa、15MPa、20MPa、25MPa 时的三轴抗压强度分别为 88.33MPa、100.69MPa、111.33MPa、130.25MPa、141.21MPa；4-2 煤底板主要为砂岩，其底板向下 10m 内砂岩在围压分别为 5MPa、10MPa、15MPa、20MPa、25MPa 时的最大抗压强度分别为 90.06MPa、107.93MPa、124.57MPa、129.21MPa、195.42MPa。布尔台煤矿岩层抗压强度有一个很明显的特征，即砂岩抗压强度普遍偏低，围压为 5MPa 时，地层中三轴抗压强度的最小值为 28.64MPa，为 24 层中粒砂岩，埋深为 173.92～177.27m；三轴抗压强度最大的为 93 层砂质泥岩，埋深为 415.42～419.73m，为 107.24MPa。围压为 10MPa 时，地层中三轴抗压强度的最小值为 41.22MPa，为 24 层中粒砂岩，埋深为 173.92～177.27m；三轴抗压强度最大的为 93 层砂质泥岩，埋深为 415.42～419.73m，为 115.85MPa。围压为 15MPa 时，地层中三轴抗压强度的最小值为 52.63MPa，为 15 层中粒砂岩，埋深为 137.47～140.50m；三轴抗压强度最大的为 81 层中粒砂岩，埋深为 360.05～361.44m，为 201.99MPa。围压为 20MPa 时，地层中三轴抗压强度的最小值为 67.17MPa，为 21 层细粒砂岩，埋深为 155.92～161.62m；三轴抗压强度最大的为 93 层砂质泥岩，埋深为 415.42～419.73m，为 137.02MPa。围压为 25MPa 时，地层中三轴抗压强度的最小值为 74.58MPa，为 21 层细粒砂岩，埋深为 155.92～161.62m；三轴抗压强度最大的为 81 层中粒砂岩，埋深为 360.05～361.44m，为 227.29MPa。根据岩性分类情况，每层岩石全应力-应变曲线详细情况如图 5-6 所示。

5.5　神东矿区岩石黏聚力分析

5.5.1　补连塔煤矿岩层黏聚力分析

图 5-7 为补连塔煤矿岩层黏聚力特征图。从图 5-7 可以看出，补连塔煤矿侏罗系直罗组中大部分岩层黏聚力没有测试出来，这是因为该沉积时期砂质泥岩和泥岩的胶结程度差，遇水特别容易断裂，所以加工成型的标准试样有限，只能优先考虑测试单轴参数。2-2 煤底板泥岩和砂质泥岩黏聚力相对于其他岩层较大，尤其是砂质泥岩，黏聚力为 35.7MPa，是 2-2 煤顶底板岩层中黏聚力最大的。2-2 煤基本顶中粒砂岩黏聚力相对底板岩石小很多，基本顶黏聚力为 16.8MPa。补连塔

表 5-12 布尔台煤矿岩层三轴抗压强度统计表

| 地层系统 | | | 层号 | 埋深/m | 厚度/m | 岩性 | 取样深度/m | | | | | 三轴抗压强度/MPa | | | | |
系	统	组					5MPa	10MPa	15MPa	20MPa	25MPa	5MPa	10MPa	15MPa	20MPa	25MPa
第四系 (Q)		Q4	1	57.00	57.00	黄土	—	—	—	—	—	—	—	—	—	—
白垩系 (K)	下统	志丹群 (K1zh)	2	97.12	40.12	含砾粗砂岩	58.10	59.44	60.12	91.92	57.97	40.41	60.74	72.03	87.89	119.91
			3	109.32	12.20	细粒砂岩	—	108.12	108.54	108.66	—	—	56.11	73.18	85.03	—
			4	114.12	4.80	粗粒砂岩	110.77	109.79	110.92	110.21	110.99	37.78	53.55	72.91	80.10	113.43
			5	116.72	2.60	粉砂岩	115.16	114.78	114.65	114.37	114.12	37.28	53.33	65.20	83.99	94.48
			6	117.52	0.80	细粒砂岩	—	—	—			—	—	—	—	—
			7	121.22	3.70	粗粒砂岩	—	—	—			—	—	—	—	—
			8	125.22	4.00	细粒砂岩	—	—	—			—	—	—	—	—
			9	126.02	0.80	含砾粗砂岩	—	—	—			—	—	—	—	—
			10	128.52	2.50	含砂泥岩	—	—	—			—	—	—	—	—
			11	132.02	3.52	粉砂岩	—	—	—			—	—	—	—	—
			12	133.92	3.90	粉砂质泥岩	—	—	—			—	—	—	—	—
			13	135.20	1.28	粉砂岩	—	—	—			—	—	—	—	—
			14	137.47	2.27	黏土页岩	—	—	—			—	—	—	—	—
			15	140.50	3.05	中粒粗砂岩	138.14	138.25	139.10	138.02	138.35	37.06	51.63	52.63	69.19	83.93
侏罗系 (J)	中统	安定组 (J2a)	16	144.72	7.25	含砾粗砂岩	—	—	—			—	—	—	—	—
			17	145.82	1.10	黏土页岩	—	—	—			—	—	—	—	—
			18	148.42	2.60	砂质泥岩	—	—	—			—	—	—	—	—
			19	151.12	2.70	粉砂岩	—	—	—			—	—	—	—	—
			20	155.92	4.80	砂质泥岩	—	—	—			—	—	—	—	—

续表

地层系统			层号	埋深/m	厚度/m	岩性	取样深度/m					三轴抗压强度/MPa				
系	统	组					5MPa	10MPa	15MPa	20MPa	25MPa	5MPa	10MPa	15MPa	20MPa	25MPa
侏罗系(J)	中统	安定组(J_3a)	21	161.62	5.70	细粒砂岩	156.14	155.92	156.39	156.53	156.76	32.77	44.99	55.81	67.17	74.58
			22	169.22	7.60	砂质泥岩	164.92	165.04	165.16	165.28	165.40	47.84	54.94	67.09	77.41	92.79
			23	173.92	4.70	粉砂岩	173.57	173.42	171.27	171.44	—	34.35	49.50	72.44	87.93	—
			24	177.27	3.35	中粒砂岩	174.44	174.65	174.24	173.92	173.57	28.64	41.22	55.76	73.74	84.12
			25	199.32	22.05	砂质泥岩	182.70	182.82	182.92	183.37	183.64	43.90	52.22	68.16	90.13	86.40
			26	200.82	1.50	细粒砂岩	—	—	—	—	—	—	—	—	—	—
		直罗组(J_2z)	27	202.02	1.20	泥岩	—	—	—	—	—	—	—	—	—	—
			28	203.22	1.20	粉砂岩	202.54	—	202.96	—	203.08	42.58	—	74.50	—	96.62
			29	206.22	3.10	砂质泥岩	—	—	—	—	—	—	—	—	—	—
			30	219.82	13.50	中粒砂岩	209.50	209.81	209.97	209.65	209.22	31.24	47.98	61.97	71.65	87.63
			31	220.77	0.95	泥岩	—	—	—	—	—	—	—	—	—	—
			32	221.22	0.45	砂质泥岩	—	—	—	—	—	—	—	—	—	—
			33	228.22	7.00	粗粒砂岩	—	—	—	—	—	—	—	—	—	—
			34	231.80	3.60	砂质泥岩	230.38	—	230.50	—	230.62	46.16	—	72.75	—	88.45
			35	233.42	1.60	细粒砂岩	232.81	232.10	232.22	232.38	232.26	37.93	47.23	58.50	78.86	96.62
			36	239.92	6.50	砂质泥岩	234.44	234.62	234.96	235.08	235.38	49.24	62.24	72.23	83.11	99.03
			37	245.12	5.20	粗粒砂岩	—	—	—	—	—	—	—	—	—	—
			38	248.52	3.40	砂质泥岩	—	—	—	—	—	—	—	—	—	—
			39	254.42	5.90	泥质砂岩	251.86	251.98	252.23	252.81	253.19	45.95	56.85	78.74	75.42	83.47
			40	263.52	9.10	细粒砂岩	257.03	257.15	257.26	257.38	257.62	33.35	48.43	58.39	69.85	78.45
			41	284.22	20.70	粗粒砂岩	264.43	263.72	266.87	263.84	266.52	33.58	51.61	73.85	92.59	77.22

续表

地层系统			层号	埋深/m	厚度/m	岩性	取样深度/m					三轴抗压强度/MPa				
系	统	组					5MPa	10MPa	15MPa	20MPa	25MPa	5MPa	10MPa	15MPa	20MPa	25MPa
侏罗系(J)	中下统	延安组(J₁₋₂y)	42	284.52	0.30	粗粒砂岩	—	—	—	—	—	—	—	—	—	—
			43	284.72	0.20	泥岩	—	—	—	—	—	—	—	—	—	—
			44	285.32	0.60	1-2上煤	—	—	—	—	—	—	—	—	—	—
			45	286.17	0.85	泥岩	—	—	—	—	—	—	—	—	—	—
			46	288.62	2.45	砂质泥岩	—	—	—	—	—	—	—	—	—	—
			47	289.32	0.70	含砾粗砂岩	—	—	—	—	—	—	—	—	—	—
			48	293.82	4.50	中粒砂岩	289.32	289.92	290.04	290.16	290.28	71.53	91.01	104.35	122.00	135.63
			49	294.02	0.20	煤	—	—	—	—	—	—	—	—	—	—
			50	295.82	1.80	粗粒砂岩	—	—	—	—	—	—	—	—	—	—
			51	298.92	3.10	砂质泥岩	—	—	—	—	—	—	—	—	—	—
			52	300.65	1.73	中粒砂岩	296.81	—	297.27	—	297.39	60.35	—	95.35	—	120.27
			53	301.22	0.57	1-2煤	—	—	—	—	—	—	—	—	—	—
			54	302.13	0.91	砂质泥岩	—	—	—	—	—	—	—	—	—	—
			55	303.13	1.00	细粒砂岩	—	—	—	—	—	—	—	—	—	—
			56	303.30	0.17	煤	—	—	—	—	—	—	—	—	—	—
			57	308.42	5.12	砂质泥岩	305.72	—	306.44	—	307.52	77.45	—	93.01	—	119.81
			58	314.92	6.50	中粒砂岩	308.92	309.04	309.29	309.59	311.42	65.59	61.73	94.27	110.83	134.98
			59	332.52	17.60	粗粒砂岩	315.34	314.77	315.89	316.02	316.12	66.88	86.99	102.55	117.69	121.54
			80	360.05	0.35	煤	—	—	—	—	—	—	—	—	—	—
			81	361.44	1.39	中粒砂岩	360.55	—	360.81	—	360.99	68.30	—	201.99	—	227.29
			82	361.68	0.24	煤	—	—	—	—	—	—	—	—	—	—

续表

系	统	组	层号	埋深/m	厚度/m	岩性	取样深度/m 5MPa	10MPa	15MPa	20MPa	25MPa	三轴抗压强度/MPa 5MPa	10MPa	15MPa	20MPa	25MPa
侏罗系(J)	中下统(J)	延安组(J₁₋₂y)	83	361.81	0.13	泥岩	—	—	—	—	—	—	—	—	—	—
			84	361.92	0.11	煤	—	—	—	—	—	—	—	—	—	—
			85	363.07	1.15	粉砂岩	—	—	—	—	—	—	—	—	—	—
			86	363.39	0.32	2-2煤	—	—	—	—	—	—	—	—	—	—
			87	363.65	0.26	砂质泥岩	—	—	—	—	—	—	—	—	—	—
			88	366.56	2.91	粗粒砂岩	—	—	—	—	—	—	—	—	—	—
			89	366.70	0.14	砂质泥岩	—	—	—	—	—	—	—	—	—	—
			90	367.42	0.72	细粒砂岩	—	—	—	—	—	—	—	—	—	—
			91	378.32	10.90	砂质泥岩	367.42	368.87	369.05	369.17	369.29	85.65	82.38	118.74	130.66	137.03
			92	415.42	37.10	粉砂岩	381.66	381.78	381.90	382.34	382.46	88.33	100.69	111.33	130.25	141.21
			93	419.73	4.31	砂质泥岩	416.42	417.12	417.74	417.86	418.77	107.24	115.85	124.34	137.02	162.23
			94	426.29	6.56	4-2煤	—	—	—	—	—	—	—	—	—	—
			95	428.43	1.98	粗粒砂岩	—	—	—	—	—	—	—	—	—	—
			96	428.43	0.16	煤	—	—	—	—	—	—	—	—	—	—
			97	430.42	1.99	细粒砂岩	426.74	429.24	426.86	—	429.12	76.49	81.78	123.44	—	136.96
			98	432.02	1.60	中粒砂岩	430.42	430.68	430.56	431.08	430.87	65.75	99.74	124.57	110.42	195.42
			99	436.80	4.78	粉砂岩	432.25	432.45	432.57	432.75	433.35	90.06	107.93	118.48	129.21	144.61
			100	437.62	0.82	粗粒砂岩	437.35	437.62	434.62	437.48	—	60.03	81.87	97.56	117.86	—

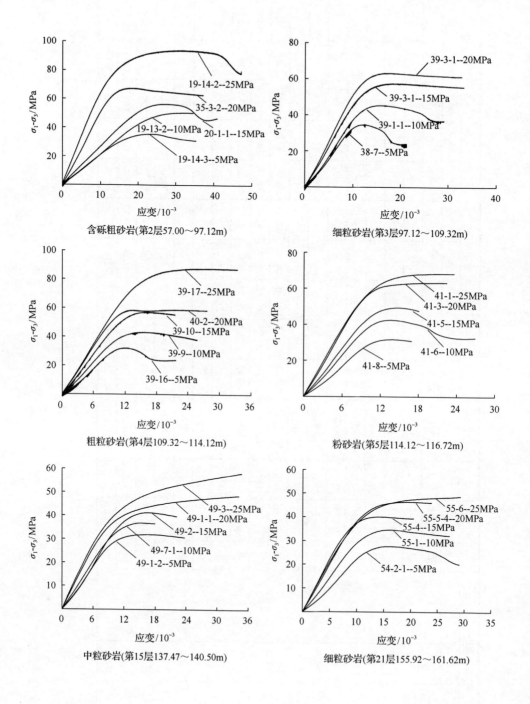

含砾粗砂岩(第2层57.00～97.12m)

细粒砂岩(第3层97.12～109.32m)

粗粒砂岩(第4层109.32～114.12m)

粉砂岩(第5层114.12～116.72m)

中粒砂岩(第15层137.47～140.50m)

细粒砂岩(第21层155.92～161.62m)

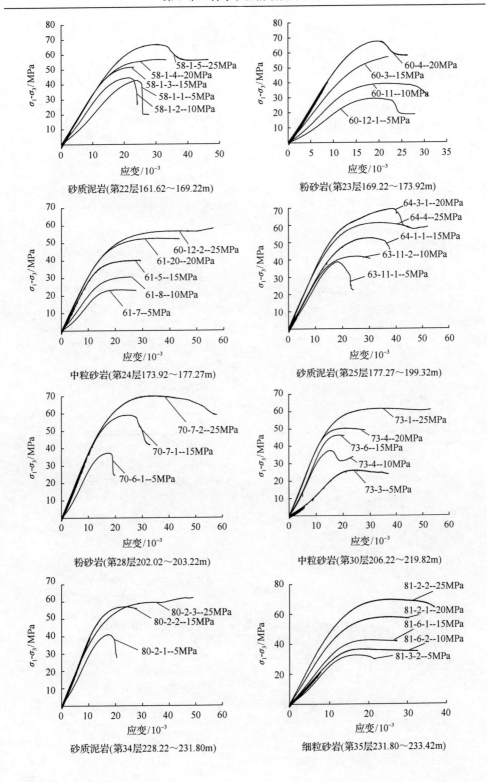

砂质泥岩(第22层161.62～169.22m)

粉砂岩(第23层169.22～173.92m)

中粒砂岩(第24层173.92～177.27m)

砂质泥岩(第25层177.27～199.32m)

粉砂岩(第28层202.02～203.22m)

中粒砂岩(第30层206.22～219.82m)

砂质泥岩(第34层228.22～231.80m)

细粒砂岩(第35层231.80～233.42m)

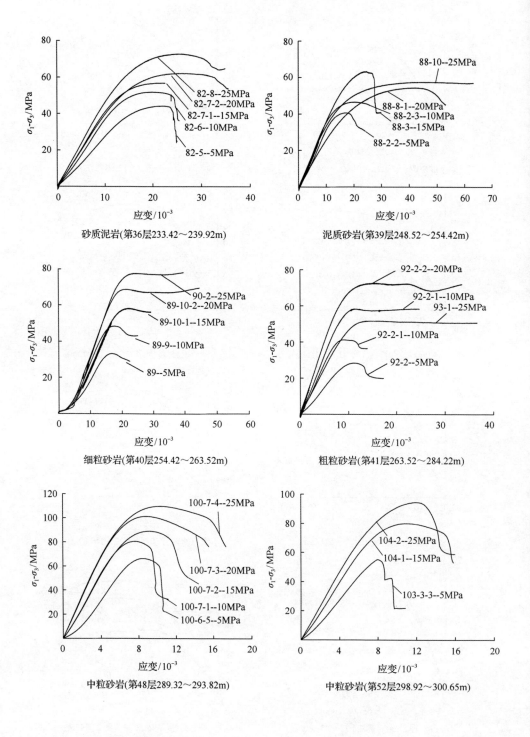

砂质泥岩(第36层233.42～239.92m)

泥质砂岩(第39层248.52～254.42m)

细粒砂岩(第40层254.42～263.52m)

粗粒砂岩(第41层263.52～284.22m)

中粒砂岩(第48层289.32～293.82m)

中粒砂岩(第52层298.92～300.65m)

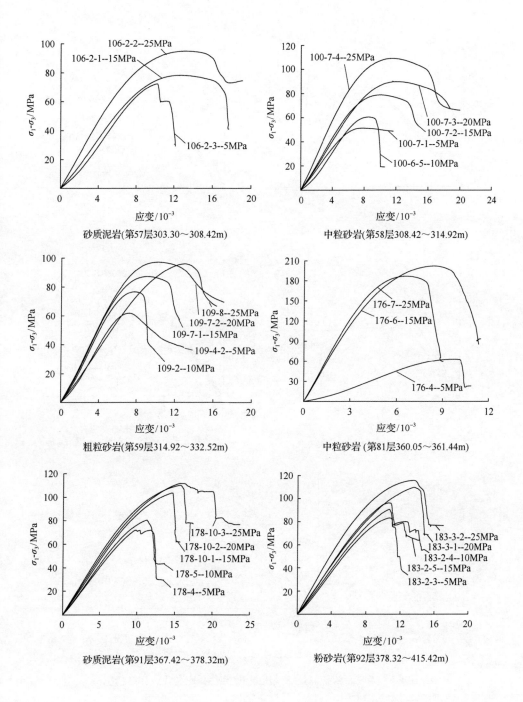

砂质泥岩(第57层303.30～308.42m)

中粒砂岩(第58层308.42～314.92m)

粗粒砂岩(第59层314.92～332.52m)

中粒砂岩(第81层360.05～361.44m)

砂质泥岩(第91层367.42～378.32m)

粉砂岩(第92层378.32～415.42m)

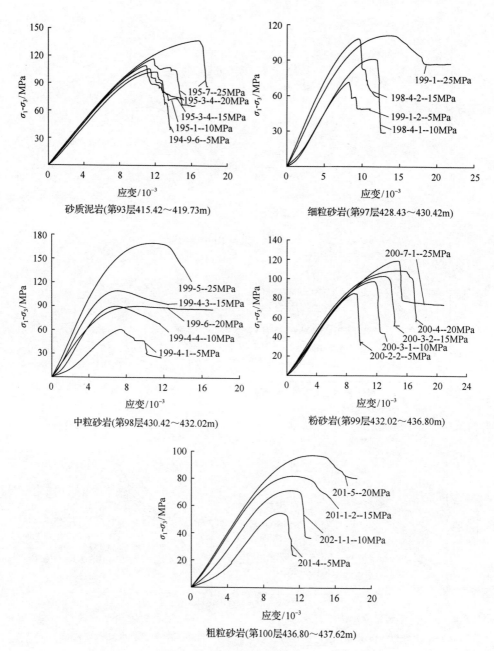

砂质泥岩(第93层415.42～419.73m)

细粒砂岩(第97层428.43～430.42m)

中粒砂岩(第98层430.42～432.02m)

粉砂岩(第99层432.02～436.80m)

粗粒砂岩(第100层436.80～437.62m)

图 5-6　布尔台煤矿岩层三轴压缩下全应力-应变曲线详细情况

煤矿 2-2 煤和 1-2 煤黏聚力分别为 19.3MPa 和 17.9MPa。补连塔煤矿中延安组砂质泥岩及泥岩黏聚力与砂岩相比较高，砂岩黏聚力的范围为11.7～18.0MPa，平均值为 15.0MPa；砂质泥岩黏聚力的范围为 17.7～35.7MPa，平均值约为 24.4MPa，约为砂岩的 1.63 倍；延安组泥岩黏聚力的范围为 11.7～23.1MPa，平均值为 17.4MPa，是砂岩的 1.12 倍。

系	统	组	岩性	柱状图	层号	厚度/m	埋深/m	黏聚力/MPa
第四系(Q)		Q₄	风积砂		1	6.42	6.42	
白垩系(K)		K₁zh	粗粒砂岩		2	5.58	12.00	
侏	中	直罗组 (J₂z)	砂质泥岩		3	3.50	15.50	
			泥岩		4	2.42	17.92	
			砂质泥岩		5	2.38	20.30	
			中粒砂岩		6	1.06	21.36	
	统		砂质泥岩		7	2.99	24.35	21.6
			细粒砂岩		8	0.85	25.20	18.5
罗	中	延安组	砂质泥岩		9	2.14	27.34	17.7
			泥岩		10	2.36	29.70	11.7
			砂质泥岩		11	3.93	33.63	25.0
			1-1煤		12	1.12	34.75	
			中粒砂岩		13	11.15	45.90	18.0
			砂质泥岩		14	1.00	46.90	
系	下	安	中粒砂岩		15	0.97	47.87	11.7
			1-2煤		16	5.52	53.39	17.9
			砂质泥岩		17	3.97	57.36	19.0
		组	细粒砂岩		18	2.90	60.26	13.4
			中粒砂岩		19	29.88	90.14	16.8
	统		砂质泥岩		20	1.76	91.90	
			2-2煤		21	7.47	99.37	19.3
		(J₁₋₂y)	泥岩		22	2.75	102.12	23.1
(J)			砂质泥岩		23	3.28	105.40	35.7

图 5-7　补连塔煤矿岩层黏聚力特征图

5.5.2　大柳塔煤矿岩层黏聚力分析

图 5-8 为大柳塔煤矿岩层黏聚力特征图。大柳塔煤矿 4-3 煤直接顶细粒砂岩的黏聚力为 20.6MPa；5-2 煤直接顶粉砂岩的黏聚力为 35.6MPa；5-2 煤底板至向下 10m岩层分别为粉砂岩、砂质泥岩和粉砂岩，其黏聚力分别为 26.6MPa、28.6MPa和 35.8MPa；5-2 煤黏聚为 19.1MPa。从以上分析可以看出大柳塔煤矿的顶板、底板和煤层黏聚力都比较大，说明 5-2 煤顶板、底板岩层岩石的内部胶结程度相

系	统	组	岩性	柱状图	层号	厚度/m	埋深/m	黏聚力/MPa
第四系(Q)		Q₄	风积砂		1	10.9	10.9	
			黄土		2	11.0	21.9	
侏罗系(J)	中统	直罗组(J₂z)	砂质泥岩		3	4.6	26.5	15.9
			粉砂岩		4	1.4	27.9	12.1
			砂质泥岩		5	2.52	30.42	
			粉砂岩		6	1.2	31.62	11.5
			砂质泥岩		7	0.75	32.37	17.9
			煤		8	0.18	33.46	
			泥岩		9	4.12	37.58	10.9
			粉砂岩		10	1.74	39.32	13.7
			砂质泥岩		11	6.26	45.58	28.8
	中	延	粗粒砂岩		12	14.14	59.72	12.4
			中粒砂岩		13	4.40	64.12	9.4
			砂质泥岩		14	3.11	67.23	28.6
			3-2煤		15	0.27	67.50	
			砂质泥岩		16	1.88	69.38	
			煤线		17	0.11	69.49	
			细粒砂岩		18	1.23	70.72	15.6
			砂质泥岩		19	3.28	74.0	19.2
			细粒砂岩		20	1.52	75.52	24.4
			砂质泥岩		21	0.27	75.79	
			煤		22	0.22	76.01	
罗			粉砂岩		23	7.99	84.00	27.5
			砂质泥岩		24	2.47	86.47	
			粉砂岩		25	0.55	87.02	20.1
			砂质泥岩		26	1.68	88.70	
			粉砂岩		27	2.82	91.52	
			煤		28	0.16	91.68	
			砂质泥岩		29	1.93	93.61	
			煤		30	0.21	93.82	
			泥岩		31	0.28	94.10	
			煤线		32	0.18	94.28	
	下	安	细粒砂岩		33	3.37	97.65	5.8
			煤		34	0.19	97.84	
			砂质泥岩		35	2.88	100.72	
			粉砂岩		36	1.45	102.17	
			泥质粉砂岩		37	6.68	108.85	18.1
			煤		38	0.17	109.02	
			泥岩		39	1.23	110.25	37.6
			4-2煤		40	0.61	110.86	
系			泥灰岩		41	3.96	114.82	27.7
			细粒砂岩		42	3.90	118.72	20.6
			4-3煤		43	0.69	119.41	
			细粒砂岩		44	2.41	121.82	21.8
			砂质泥岩		45	1.87	123.69	26.8
			细粒砂岩		46	0.60	124.29	
			粉砂岩		47	1.11	125.40	22.0
			砂质泥岩		48	0.85	126.25	
			细粒砂岩		49	0.70	126.95	
			砂质泥岩		50	2.17	129.12	16.1
			粉砂岩		51	6.35	135.47	26.0
			中粒砂岩		52	4.68	140.15	20.0
			煤		53	0.07	140.22	
			粉砂岩		54	0.84	141.06	24.5
			煤		55	0.15	141.21	
	统	组	砂质泥岩		56	3.54	144.75	
			细粒砂岩		57	30.87	175.62	23.0
			粉砂岩		58	0.60	176.22	
			中粒砂岩		59	0.70	176.92	
			粉砂岩		60	2.41	179.33	35.6
			5-2煤		61	7.69	187.02	19.1
			粉砂岩		62	3.58	190.60	26.6
			砂质泥岩		63	2.82	193.42	28.6
(J)		(J₁₋₂y)	粉砂岩		64	4.40	197.82	35.8

图 5-8　大柳塔煤矿岩层黏聚力特征图

对较高。大柳塔煤矿泥岩黏聚力是最大的，其埋深在 109.02～110.25m，黏聚力为 37.6MPa，该层为 4-2 煤直接顶。直罗组中粉砂岩和砂质泥岩黏聚力相对较小，粉砂岩黏聚力的范围为 11.5～13.7MPa，平均值约为 12.4MPa；砂质泥岩黏聚力的范围为 15.9～28.8MPa，平均值约为 20.9MPa。延安组 4-2 煤以上岩层中粉砂岩和砂质泥岩黏聚力虽然有所增大，但是 4-3 煤—5-2 煤岩层粉砂岩和砂质泥岩黏聚力增加得更明显。延安组中 4-2 煤以上覆岩中粉砂岩黏聚力的范围为 20.1～27.5MPa，平均值为 23.8MPa；细粒砂岩黏聚力的范围为 5.8～24.4MPa，平均值约为 15.3MPa；砂质泥岩黏聚力的范围为 19.2～28.6MPa，平均值为 23.9MPa；泥岩黏聚力为 37.6MPa。延安组 5-2 煤以上至 4-3 煤覆岩中粉砂岩黏聚力的范围为 22.0～35.6MPa，平均值约为 27MPa；砂质泥岩黏聚力的范围为 16.1～28.6MPa，平均值约为 21.5MPa。

5.5.3 布尔台煤矿岩层黏聚力分析

图 5-9 为布尔台煤矿黏聚力特征图。从图 5-9 可以发现，布尔台煤矿中很多岩层没有黏聚力参数，这是因为布尔台煤矿覆岩中岩石的胶结程度特别差，加工时很容易断裂，无法加工成标准试样。布尔台煤矿 4-2 煤直接顶砂质泥岩黏聚力是 4-2 煤上覆岩层中最大的，为 27.8MPa；基本顶为粉砂岩，其黏聚力只有 22.4MPa；4-2 煤底板主要为砂岩，其底板向下 10m 内砂岩最大黏聚力为 30.9MPa，最小黏聚力为 6.6MPa。布尔台煤矿岩层黏聚力与抗压强度有一定的相似性，都有一个很明显的特征就是砂岩相对砂质泥岩和泥岩黏聚力普遍偏低，但是与抗拉强度及抗压强度相比，这种现象减弱了很多。白垩系粉砂岩黏聚力为 6.9MPa；细粒砂岩黏聚力为 7.2MPa；中粒砂岩黏聚力为 8.6MPa；粗粒砂岩黏聚力为 4.8MPa；含砾粗砂岩黏聚力为 5.4MPa。侏罗系安定组和直罗组中粉砂岩黏聚力的范围为 4.0～9.4MPa，平均值为 6.7MPa；细粒砂岩黏聚力的范围为 5.6～8.1MPa，平均值为 7.2MPa；中粒砂岩黏聚力的范围为 4.0～5.8MPa，平均值为 4.9MPa；粗粒砂岩黏聚力为 3.3MPa；砂质泥岩黏聚力的范围为 7.1～13.6MPa，平均值约为 11.4MPa。延安组 4-2 煤上覆岩层黏聚力整体都有所增大，该沉积时期砂质泥岩黏聚力的范围为 18.9～27.8MPa，平均值约为 23.4MPa；粗粒砂岩黏聚力为 14.1MPa，砂质泥岩黏聚力约是其 1.7 倍；中粒砂岩黏聚力平均值约为 12.4MPa，砂质泥岩黏聚力约为其的 1.9 倍；粉砂岩黏聚力平均值为 18.2MPa，砂质泥岩黏聚力约为其的 1.3 倍。

系	统	组	岩性	层号	厚度/m	埋深/m	黏聚力/MPa
第四系(Q)			黄土 Q4	1	57	57	
白垩系(K)	下统	志丹群	含砾粗砂岩	2	40.12	97.12	5.4
			细粒砂岩	3	12.20	109.32	7.2
			粗粒砂岩	4	4.8	114.12	4.8
			粉砂岩	5	2.6	116.72	6.9
			细粒砂岩	6	0.8	117.52	
			粗粒砂岩	7	3.7	121.22	
			细粒砂岩	8	4	125.22	
			含砾粗砂岩	9	0.8	126.02	
			含砂泥岩	10	2.5	128.52	
			粉砂岩	11	3.5	132.02	
			粉砂质泥岩	12	1.9	133.92	
			粉砂岩	13	1.28	135.2	
			黏土页岩	14	2.27	137.47	
		(K1zh)	中粒砂岩	15	3.05	140.52	8.6
侏罗系(J)	中统	安定组	含砾粗砂岩	16	4.20	144.72	
			黏土页岩	17	1.1	145.82	
			含砂泥岩	18	2.6	148.42	
			粉砂岩	19	2.7	151.12	
			砂质泥岩	20	4.80	155.92	
			细粒砂岩	21	5.70	161.62	8.0
			砂质泥岩	22	7.6	169.22	11.4
			粉砂岩	23	4.7	173.92	4.0
			中粒砂岩	24	3.35	177.27	4.0
		(J2a)	砂质泥岩	25	22.05	199.32	7.1
		直罗组	细粒砂岩	26	1.5	200.82	
			泥岩	27	1.2	202.02	
			粉砂岩	28	1.2	203.22	9.4
			砂质泥岩	29	3.1	206.32	
			中粒砂岩	30	13.5	219.82	5.8
			泥岩	31	0.95	220.77	
			砂质泥岩	32	0.45	221.22	
			粗粒砂岩	33	7.00	228.22	
			砂质泥岩	34	3.6	231.82	12.9
			细粒砂岩	35	1.6	233.42	5.6
			砂质泥岩	36	1.45	239.92	11.9
			粗粒砂岩	37	5.20	245.12	
			砂质泥岩	38	3.4	248.52	
			砂质泥岩	39	5.9	254.42	13.6
			粗粒砂岩	40	9.1	263.52	8.1
		(J2z)	粗粒砂岩	41	20.7	284.22	3.3
	中统	延安组	粗粒砂岩	42	0.3	284.52	
			泥岩	43	0.2	284.72	
			1-2上煤	44	0.6	285.32	
			泥岩	45	0.85	286.17	
			砂质泥岩	46	2.45	288.62	
			含砾粗砂岩	47	0.7	289.32	
			中粒砂岩	48	4.5	293.82	16.0
			煤	49	0.2	294.02	
			粗粒砂岩	50	1.8	295.82	
			砂质泥岩	51	3.1	298.92	
			中粒砂岩	52	1.73	300.65	13.6
			1-2煤	53	0.57	301.22	
			砂质泥岩	54	0.91	302.13	
			细粒砂岩	55	1	303.13	
			煤	56	0.17	303.3	
			泥岩	57	5.12	308.42	
			中粒砂岩	58	6.5	314.92	14.6
	下统	安定组	粗粒砂岩	59	17.6	332.52	14.1
			细粒砂岩	80	0.35	360.05	
			中粒砂岩	81	1.39	361.44	5.2
			煤线	82	0.24	361.68	
			泥岩	83	0.13	361.81	
			煤线	84	0.11	361.92	
			粉砂岩	85	1.15	363.07	14.0
			2-2煤	86	0.32	363.39	
			砂质泥岩	87	0.26	363.65	
			粗粒砂岩	88	2.91	366.56	
			砂质泥岩	89	0.14	366.70	
			细粒砂岩	90	0.72	367.42	
			砂质泥岩	91	10.90	378.32	18.9
			粉砂岩	92	37.10	415.42	22.4
			砂质泥岩	93	4.31	419.73	27.8
	统	组	4-2煤	94	6.56	426.29	19.3
			粗粒砂岩	95	1.98	428.27	
			煤线	96	0.16	428.43	
			细粒砂岩	97	1.99	430.42	30.9
			中粒砂岩	98	1.6	432.02	6.6
			粉砂岩	99	4.78	436.80	24.5
(J)		(J1-2y)	粗粒砂岩	100	0.82	437.62	10.8

图 5-9　布尔台煤矿黏聚力特征图

5.6　神东矿区岩石内摩擦角特征

5.6.1　补连塔煤矿岩层内摩擦角特征

图 5-10 为补连塔煤矿岩层内摩擦角特征图。从图 5-10 可以看出补连塔煤矿侏罗系直罗组中大部分岩层内摩擦角同黏聚力一样没有测试出来，其原因与黏聚力没有测试出来的原因相同。从图 5-10 可以看出补连塔煤矿岩层内摩擦角的差异性相对较小，侏罗系直罗组砂质泥岩内摩擦角平均值为 21.3°，细粒砂岩内摩擦角为 22.4°，两者基本相同。延安组 2-2 煤层以上覆岩中砂质泥岩内摩擦角的范围为21.5°~32.8°，平均值为 26.8°；泥岩内摩擦角为 36.6°；中粒砂岩内摩擦角的范围为 27.4°~35.6°，平均值约为 30.4°；细粒砂岩内摩擦角为 34.8°。2-2 煤底板泥岩内摩擦角相对其他岩层较大，为 33.3°。2-2 煤基本顶中粒砂岩内摩擦角相对底板岩石小很多，为 27.4°。补连塔煤矿 2-2 煤和 1-2 煤内摩擦角分别为 24.5°和 23.6°，煤层内摩擦角差异性很小。

地层系统			岩性	柱状图	层号	厚度/m	埋深/m	内摩擦角/(°)
系	统	组						0　5　10　15　20　25　30　35　40　45　50
第四系(Q)		Q₄	风积砂		1	6.42	6.42	
白垩系(K)		(K₁zh)	粗粒砂岩		2	5.58	12.00	
侏 罗 系 (J)	中 统	直 罗 组 (J₂z)	砂质泥岩		3	3.50	15.50	
			泥岩		4	2.42	17.92	
			砂质泥岩		5	2.38	20.30	17.1
			中粒砂岩		6	1.06	21.36	
			砂质泥岩		7	2.99	24.35	25.5
			细粒砂岩		8	0.85	25.20	22.4
	中 统	延 安 组 (J₁₋₂y)	砂质泥岩		9	2.14	27.34	32.8
			泥岩		10	2.36	29.70	36.6
			砂质泥岩		11	3.93	33.63	21.5
			1-1煤		12	1.12	34.75	
			中粒砂岩		13	11.15	45.90	28.1
			砂质泥岩		14	1.00	46.90	
	下 统		中粒砂岩		15	0.97	47.87	35.6
			1-2煤		16	5.52	53.39	23.6
			砂质泥岩		17	3.97	57.36	26.1
			细粒砂岩		18	2.90	60.26	34.8
			中粒砂岩		19	29.88	90.14	27.4
			砂质泥岩		20	1.76	91.90	
			2-2煤		21	7.47	99.37	24.5
			泥岩		22	2.75	102.12	33.3
			砂质泥岩		23	3.28	105.40	18.0

图 5-10　补连塔煤矿岩层内摩擦角特征图

5.6.2　大柳塔煤矿岩层内摩擦角特征

图 5-11 为大柳塔煤矿岩层内摩擦角特征图。大柳塔煤矿 5-2 煤直接顶粉砂岩内摩擦角为 24.7°；5-2 煤基本顶细粒砂岩内摩擦角为 33.6°；5-2 煤底板至向下 10m 岩层分别为粉砂岩、砂质泥岩和粉砂岩，其内摩擦角分别为 31.8°、31.7°和 34.5°；5-2 煤内摩擦角为 28.2°。从以上分析可以看出大柳塔煤矿 5-2 煤顶板、底板和煤层内摩擦角与 5-2 煤覆岩中其他岩层内摩擦角相比没有明显的差别，普遍偏小，这说明 5-2 煤顶板、底板岩层岩石发生剪切错动时角度变化相对较小。大柳塔煤矿细粒砂岩内摩擦角是最大的，其埋深在 94.28~97.65m，内摩擦角为 47.5°，该层砂岩顶底板都存在煤。从图 5-11 中可以发现，直罗组中粉砂岩和泥岩内摩擦角相对较大，粉砂岩内摩擦角的范围为 33.5°~36.4°，平均值约为 35.0；砂质泥岩内摩擦角相对粉砂岩和砂质泥岩偏小，其范围为 16.3°~28.8°，平均值约为 22.9°。延安组 5-2 煤上覆岩层中砂岩、砂质泥岩黏聚力虽然有所增大，但是 4-3 煤—5-2 煤粉砂岩和砂质泥岩黏聚力增加得更明显。延安组中 5-2 煤以上覆岩中细粒砂岩内摩擦角的范围为 29.5°~47.5°，平均值为 35.9°；砂质泥岩内摩擦角的范围为 22.7°~39.3°，平均值为 30.2°；泥岩内摩擦角为 31.3°。

5.6.3　布尔台煤矿岩层内摩擦角特征

图 5-12 为布尔台煤矿内摩擦角特征图。从图 5-12 可以发现，虽然布尔台煤矿中白垩系、侏罗系安定组和侏罗系直罗组岩层的抗拉强度、抗压强度、弹性模量及黏聚力都很小，但是其内摩擦角与延安组中同类岩石内摩擦角基本上相差不大，没有明显的差别。布尔台煤矿 4-2 煤直接顶砂质泥岩内摩擦角为 26.6°；基本顶为粉砂岩，其内摩擦角为 27.4°；4-2 煤底板主要为砂岩，其底板向下 10m 内砂岩最大内摩擦角为 46.9°，最小内摩擦角只有 20.0°。白垩系粉砂岩内摩擦角为 29.2°；细粒砂岩内摩擦角为 30.5°；中粒砂岩内摩擦角为 22.3°；粗粒砂岩内摩擦角为 34.1°；含砾粗砂岩内摩擦角为 35.1°。侏罗系安定组和直罗组粉砂岩内摩擦角的范围为 27.4°~34.9°，平均值约为 31.2°；细粒砂岩内摩擦角的范围为 21.0°~29.8°，平均值为 24.4°；中粒砂岩内摩擦角的范围为 27.6°~28.9°，平均值约为 28.3°；粗粒砂岩内摩擦角为 36.8°；砂质泥岩内摩擦角的范围为 17.7°~30.8°，平均值为 23.3°。延安组 4-2 煤上覆岩层虽然埋深、沉积时间、密度、波速、抗拉强度、抗压强度、弹性模量及黏聚力等物理力学参数都明显增大，但是该沉积时期岩层内摩擦角却没有增大。该时期砂质泥岩内摩擦角的范围为 26.6°~30.2°，平均值为 28.4°；粗粒砂岩内摩擦角为 32.6°；中粒砂岩内摩擦角的范围为 30.0°~37.5°，平均值约为 32.3°；粉砂岩内摩擦角的范围为 27.4°~29.7°，平均值约为 28.6°。

系	统	组	岩性	层号	厚度/m	埋深/m	内摩擦角/(°)
第四系(Q)		Q₄	风积砂	1	10.9	10.9	
			黄土	2	11.0	21.9	
侏罗系	中统	直罗组 (J₂z)	砂质泥岩	3	4.6	26.5	23.5
			粉砂岩	4	1.4	27.9	35.2
			砂质泥岩	5	2.52	30.42	
			粉砂岩	6	1.2	31.62	36.4
			砂质泥岩	7	0.75	32.37	28.8
			煤	8	0.18	33.46	
			泥岩	9	4.12	37.58	36.6
			粉砂岩	10	1.74	39.32	33.5
			砂质泥岩	11	6.26	45.58	16.3
	中统	延安组	粗粒砂岩	12	14.14	59.72	19.5
			中粒砂岩	13	4.40	64.12	30.0
			砂质泥岩	14	3.11	67.23	22.7
			3-2煤	15	0.27	67.50	
			砂质泥岩	16	1.88	69.38	
			煤	17	0.11	69.49	
			细粒砂岩	18	1.23	70.72	30.8
			砂质泥岩	19	3.28	74.0	32.8
			细粒砂岩	20	1.52	75.52	43.9
			砂质泥岩	21	0.27	75.79	
			煤	22	0.22	76.01	
			粉砂岩	23	7.99	84.00	17.4
			砂质泥岩	24	2.47	86.47	
			粉砂岩	25	0.55	87.02	27.2
			砂质泥岩	26	1.68	88.70	
			粉砂岩	27	2.82	91.52	
			煤	28	0.16	91.68	
			砂质泥岩	29	1.93	93.61	
			煤	30	0.21	93.82	
			泥岩	31	0.28	94.10	
			煤	32	0.18	94.28	
	下统		细粒砂岩	33	3.37	97.65	47.5
			煤	34	0.19	97.84	
			砂质泥岩	35	2.88	100.72	
			粉砂岩	36	1.45	102.17	
			泥质粉砂岩	37	6.68	108.85	35.3
			煤	38	0.17	109.02	
			泥岩	39	1.23	110.25	31.3
			4-2煤	40	0.61	110.86	
			泥灰岩	41	3.96	114.82	28.6
			细粒砂岩	42	3.90	118.72	29.5
			4-3煤	43	0.69	119.41	
			细粒砂岩	44	2.41	121.82	30.0
			砂质泥岩	45	1.87	123.69	25.8
			细粒砂岩	46	0.60	124.29	
			粉砂岩	47	1.11	125.40	29.4
			砂质泥岩	48	0.85	126.25	
			细粒砂岩	49	0.70	126.95	
			砂质泥岩	50	2.17	129.12	39.3
			粉砂岩	51	6.35	135.47	31.8
			中粒砂岩	52	4.68	140.15	26.5
			煤	53	0.07	140.22	
			粉砂岩	54	0.84	141.06	26.3
			煤	55	0.15	141.21	
	统	组	砂质泥岩	56	3.54	144.75	
			细粒砂岩	57	30.87	175.62	33.6
			粉砂岩	58	0.60	176.22	
			中粒砂岩	59	0.70	176.92	
			粉砂岩	60	2.41	179.33	24.7
			5-2煤	61	7.69	187.02	28.2
			粉砂岩	62	3.58	190.60	31.8
			砂质泥岩	63	2.82	193.42	31.7
(J)		(J₁₋₂y)	粉砂岩	64	4.40	197.82	34.5

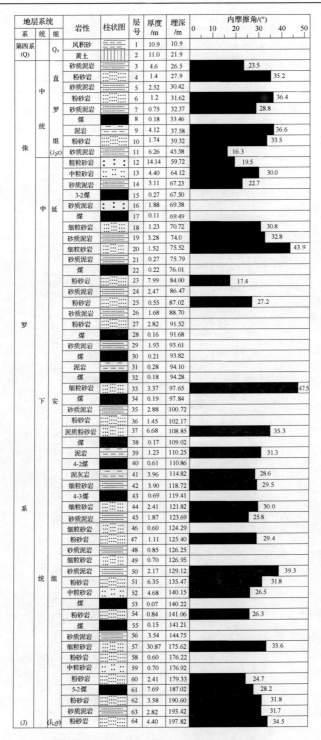

图 5-11　大柳塔煤矿岩层内摩擦角特征图

地层系统 系	统	组	岩性	层号	厚度/m	埋深/m	内摩擦角/(°)
第四系(Q)		Q4	黄土	1	57	57	
白垩系 (K)	下统	志丹群 (K1zh)	含砾粗砂岩	2	40.12	97.12	35.1
			细粒砂岩	3	12.20	109.32	30.5
			粗粒砂岩	4	4.8	114.12	34.1
			粉砂岩	5	2.6	116.72	29.2
			细粒砂岩	6	0.8	117.52	
			粗粒砂岩	7	3.7	121.22	
			细粒砂岩	8	4	125.22	
			含砾粗砂岩	9	0.8	126.02	
			含砂泥岩	10	2.5	128.52	
			粉砂岩	11	3.5	132.02	
			粉砂质泥岩	12	1.9	133.92	
			粉砂岩	13	1.28	135.2	
			黏土页岩	14	2.27	137.47	
			中粒粗砂岩	15	3.05	140.52	22.3
侏罗系 (J)	中统	安定组 (J2a)	含砾粗砂岩	16	4.20	144.72	
			黏土头岩	17	1.1	145.82	
			含砂泥岩	18	2.6	148.42	
			粉砂岩	19	2.7	151.12	
			砂质泥岩	20	4.80	155.92	
			细粒砂岩	21	5.70	161.62	21.0
			砂质泥岩	22	7.6	169.22	22.6
			粉砂岩	23	4.7	173.92	34.9
			中粒砂岩	24	3.35	177.27	28.9
			砂质泥岩	25	22.05	199.32	30.8
		直罗组 (J2z)	细粒砂岩	26	1.5	200.82	
			泥岩	27	1.2	202.02	
			粉砂岩	28	1.2	203.22	27.4
			砂质泥岩	29	3.1	206.32	
			中粒砂岩	30	13.5	219.82	27.6
			泥岩	31	0.95	220.77	
			砂质泥岩	32	0.45	221.22	
			粗粒砂岩	33	7.00	228.22	
			砂质泥岩	34	3.6	231.82	21.0
			细粒砂岩	35	1.6	233.42	29.8
			砂质泥岩	36	1.45	239.92	24.4
			粗粒砂岩	37	5.20	245.12	
			砂质泥岩	38	3.4	248.52	
			砂质泥岩	39	5.9	254.42	17.7
			粗粒砂岩	40	9.1	263.52	22.4
	中延	延安组 (J1-2y)	粗粒砂岩	41	20.7	284.22	36.8
			粗粒砂岩	42	0.3	284.52	
			泥岩	43	0.2	284.72	
			1-2²煤	44	0.6	285.32	
			泥岩	45	0.85	286.17	
			砂质泥岩	46	2.45	288.62	
			含砾粗砂岩	47	0.7	289.32	
			中粒砂岩	48	4.5	293.82	31.5
			煤	49	0.2	294.02	
			粗粒砂岩	50	1.8	295.82	
			砂质泥岩	51	3.1	298.92	
			中粒砂岩	52	1.73	300.65	30.0
			1-2煤	53	0.57	301.22	
			砂质泥岩	54	0.91	302.13	
			细粒砂岩	55	1	303.13	
			煤	56	0.17	303.3	
			泥岩	57	5.12	308.42	
			中粒砂岩	58	6.5	314.92	30.0
	下安		粗粒砂岩	59	17.6	332.52	32.6
			细粒砂岩	80	0.35	360.05	
			中粒砂岩	81	1.39	361.44	37.5
			煤线	82	0.24	361.68	
			泥岩	83	0.13	361.81	
			煤线	84	0.11	361.92	
			粉砂岩	85	1.15	363.07	29.7
			2-2煤	86	0.32	363.39	
			砂质泥岩	87	0.26	363.65	
			粗粒砂岩	88	2.91	366.56	
			砂质泥岩	89	0.14	366.70	
			细粒砂岩	90	0.72	367.42	
			砂质泥岩	91	10.90	378.32	30.2
			粉砂岩	92	37.10	415.42	27.4
			砂质泥岩	93	4.31	419.73	26.6
			4-2煤	94	6.56	426.29	24.5
			粗粒砂岩	95	1.98	428.27	
			煤线	96	0.16	428.43	
			细粒砂岩	97	1.99	430.42	20.0
			中粒砂岩	98	1.6	432.02	46.9
			粉砂岩	99	4.78	436.80	26.5
(J)		(J1-2y)	粗粒砂岩	100	0.82	437.62	35.6

图 5-12　布尔台煤矿内摩擦角特征图

参 考 文 献

李化敏, 李回贵, 宋桂军, 等. 2016. 神东矿区煤系地层岩石物理力学性质. 煤炭学报, 41(11): 2661-2671.

戎虎仁, 白海波, 王占盛. 2015. 不同温度后红砂岩力学性质及微观结构变化规律试验研究. 岩土力学, 36(2): 463-469.

师修昌. 2016. 煤炭开采上覆岩层变形破坏及其渗透性评价研究. 北京: 中国矿业大学.

苏海健, 靖洪文, 赵洪辉. 2014. 高温后砂岩单轴压缩加载速率效应的试验研究. 岩土工程学报, 36(6): 1064-1071.

吴刚, 邢爱国, 张磊. 2007. 砂岩高温后的力学特性. 岩石力学与工程学报, 26(10): 2110-2116.

第6章　神东矿区岩石物理力学特征综合分析

第4章和第5章分别研究了神东矿区岩石的物理性质和力学性质，为了使读者能够更清晰地观察到岩层埋深与其物理力学性质的关系，本章主要研究了补连塔、大柳塔和布尔台3个煤矿的密度、抗压强度、抗拉强度及弹性模量与埋深的关系。

6.1　岩石密度随埋深变化特征

为了研究岩石密度随埋深的变化规律，在前面章节实验研究的基础上，本章进一步研究了各矿井不同类别岩石密度随埋深的变化规律。需要说明的是，研究过程中，同时考虑了岩层沉积时期对同类岩石密度性质的影响。

为了更好地展现岩石密度随埋深的变化规律，本章只分析同类型岩石在钻孔探测范围内出现次数大于3次的情形。例如，大柳塔煤矿1-2煤在整套岩层中只出现了1次，则不在本章分析范围内；而大柳塔煤矿中粒砂岩在整套岩层中只出现了3次，规律性体现不明显，故也不在本章分析范围内。

6.1.1　大柳塔煤矿岩石密度随埋深变化特征分析

大柳塔煤矿不同岩性岩石密度随埋深变化特征如图6-1～图6-3所示，其随埋深变化的线性拟合方程见表6-1。由SJ-1钻孔柱状图可知，大柳塔煤矿主采煤层覆岩主要是由第四系松散层、侏罗系直罗组、侏罗系延安组构成。

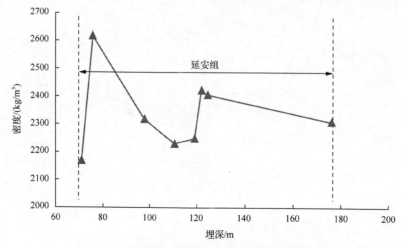

图6-1　大柳塔煤矿细粒砂岩密度随埋深变化特征

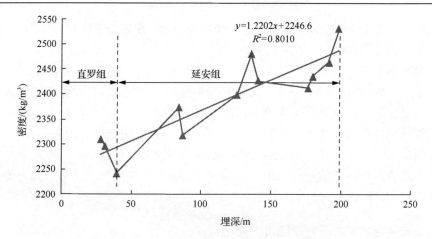

图 6-2　大柳塔煤矿粉砂岩密度随埋深变化特征

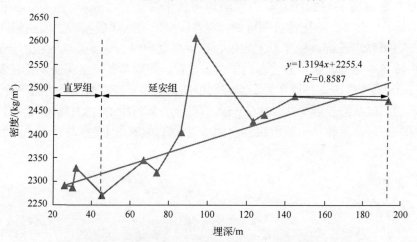

图 6-3　大柳塔煤矿砂质泥岩密度随埋深变化特征

表 6-1　大柳塔煤矿岩石密度随埋深变化的线性拟合方程

序号	岩性	随埋深变化规律(拟合方程)	相关系数 R^2
1	粉砂岩	$y=1.2202x+2246.6$	0.8010
2	砂质泥岩	$y=1.3194x+2255.4$	0.8587

由图 6-1 可知，细粒砂岩只在侏罗系延安组岩层中沉积，在沉积过程中存在部分异常密度值，如埋深为 75.52m 时，细粒砂岩密度为 2615kg/m³，同时其密度与埋深之间的函数相关性不大。

由图 6-2 可知，粉砂岩在侏罗系直罗组和延安组中均有大量沉积。在直罗组岩层中，粉砂岩密度随埋深的增加有逐渐下降趋势；而在延安组岩层中，粉砂岩密度随埋深的增加整体上呈线性增加趋势。从整套覆岩中粉砂岩随埋深的发育规律来看，基本符合线性发育规律，即随埋深的增加，粉砂岩密度呈线性增加趋势，其相关系数达到 0.8010，相关性较好。

由图 6-3 可知，砂质泥岩在侏罗系直罗组和延安组中均有大量沉积。在直罗组岩层中，除埋深为 32.37m 时，砂质泥岩密度相对增加，砂质泥岩密度整体上随埋深的增加也呈现出逐渐下降趋势；而在延安组岩层中，砂质泥岩密度随埋深的增加整体上呈现出线性增加趋势。从整套覆岩中砂质泥岩随埋深的发育规律来看，除埋深为 93.61m 时（密度为 2606kg/m³）的密度呈现异常值之外，其他密度基本符合线性发育规律，即随埋深的增加，砂质泥岩密度呈线性增加趋势，其相关系数达到 0.8587，相关性好。

6.1.2 布尔台煤矿岩石密度随埋深变化特征分析

布尔台煤矿不同岩性岩石密度随埋深变化特征如图 6-4～图 6-8 所示。由 SJ-3-1 钻孔、SJ-3-2 钻孔柱状图可知，布尔台煤矿主采煤层覆岩主要由第四系松散层、白垩系志丹群、侏罗系安定组、侏罗系直罗组、侏罗系延安组岩层构成。

由图 6-4 可知，粗粒砂岩在白垩系志丹群、侏罗系直罗组和侏罗系延安组中均有存在，其密度在志丹群和直罗组覆岩中整体上随埋深的增加呈略微下降趋势，粗粒砂岩密度从志丹群中的 2196kg/m³ 降低至直罗组中的 1971kg/m³。在延安组中，粗粒砂岩密度整体上随埋深的增加呈现上升趋势，但密度与埋深之间的函数相关性不大。

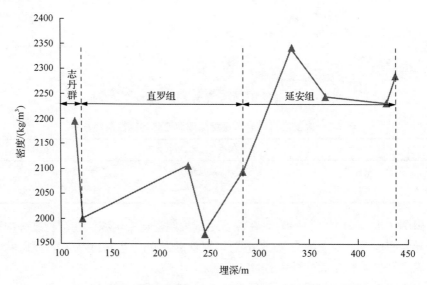

图 6-4 布尔台煤矿粗粒砂岩密度随埋深变化特征

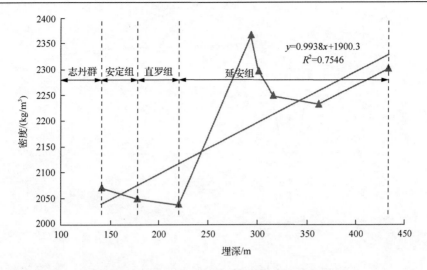

图 6-5　布尔台煤矿中粒砂岩密度随埋深变化特征

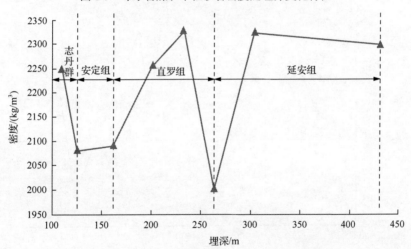

图 6-6　布尔台煤矿细粒砂岩密度随埋深变化特征

由图 6-5 可知，中粒砂岩在白垩系志丹群、侏罗系安定组、侏罗系直罗组和侏罗系延安组中均有存在，其密度在志丹群—直罗组覆岩中整体上随埋深的增加而呈下降趋势，中粒砂岩密度从志丹群中的 2071kg/m³ 降低至直罗组中的 2038kg/m³。在延安组中，粗粒砂岩密度整体上随埋深的增加呈现上升趋势。在整套岩层中，中粒砂岩密度与埋深的相关系数为 0.7546，相关性较好。

由图 6-6 可知，细粒砂岩在白垩系志丹群、侏罗系安定组、侏罗系直罗组和侏罗系延安组中均有存在，其密度在志丹群至直罗组覆岩中有一定的波动性，但最终密度从志丹群中的 2252kg/m³ 降低至直罗组中的 1997kg/m³。在延安组中，细粒砂岩密度也随埋深的增加而略有降低，但密度与埋深之间的函数相关性不大。

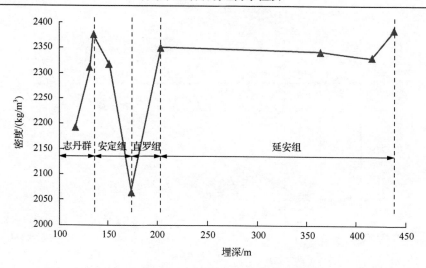

图 6-7　布尔台煤矿粉砂岩密度随埋深变化特征

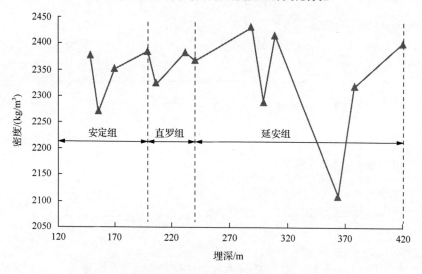

图 6-8　布尔台煤矿砂质泥岩密度随埋深变化特征

由图 6-7 可知，粉砂岩在白垩系志丹群、侏罗系安定组、侏罗系直罗组和侏罗系延安组中均有存在，其密度在志丹群—直罗组覆岩中有一定的波动性，密度最高时为 2376kg/m³（志丹群），密度最低时为 2064kg/m³（安定组）。在延安组中，粉砂岩密度也随埋深的增加而略有降低，但密度与埋深之间的函数相关性不大。

由图 6-8 可知，砂质泥岩在侏罗系安定组、侏罗系直罗组和侏罗系延安组中均有存在，其密度在安定组、直罗组覆岩中呈波动上升趋势，密度最高时为 2386kg/m³（安定组），密度最低时为 2266 kg/m³（安定组）。在延安组中，砂质泥岩密度随埋深的增加也在震荡波动中呈下降趋势，但密度与埋深之间的函数相关性不大。

6.1.3　补连塔煤矿岩石密度随埋深变化特征分析

由 SJ-2 钻孔柱状图可知，补连塔煤矿主采煤层覆岩主要由第四系松散层、白垩系志丹群、侏罗系直罗组、侏罗系延安组岩层构成，侏罗系安定组岩层在该钻孔处由于沉积过程中风化剥蚀等作用，出现了缺失。补连塔煤矿主采煤层埋深为91.90m，不同岩性沉积的层数相对较少，如白垩系志丹群岩层中只有一层粗粒砂岩，而且由于岩石结构松散，室内无法加工，无法得到有效的岩石物理力学性质数据，因此具有统计意义的只有砂质泥岩岩层。补连塔煤矿砂质泥岩密度随埋深变化特征如图 6-9 所示。

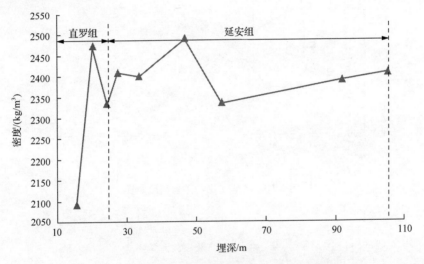

图 6-9　补连塔煤矿砂质泥岩密度随埋深变化特征

由图 6-9 可知，砂质泥岩密度在直罗组覆岩中整体上随埋深的增加呈上升趋势，但密度与埋深之间的函数相关性不大。

总体来看，密度与沉积时期和埋深之间具有如下关系。

(1)各岩性岩层在延安组前的沉积时期中，其密度随埋深的增加呈现出下降趋势，随着岩石颗粒的变小，其密度随埋深变化的波动性越强。而进入延安组沉积时期，其密度随埋深的增加而呈现出上升趋势。

(2)大柳塔煤矿中不同岩性岩层密度随埋深的增加，其线性相关性较强，其相关系数最高达到 0.8587；而布尔台煤矿和补连塔煤矿中不同岩性岩层密度与埋深相关性较差，且随着岩石颗粒越小，其相关性越差。

(3)需要说明的是，研究上述密度规律的时候，有个别岩性在一定埋深时出现了突然增大或者减小的现象，这主要可能是在相应的沉积时期，沉积环境的改变造成了该岩性岩层胶结物、成分发生了变化，从而造成同一岩性岩层密度在某一埋深时发生突变。

6.1.4　3 个煤矿不同岩性密度对比分析

为了进一步分析各煤矿不同埋深及沉积时期密度的变化规律，将 3 个煤矿同一岩性岩层密度变化与埋深关系绘制在一张图上，如图 6-10～图 6-12 所示。

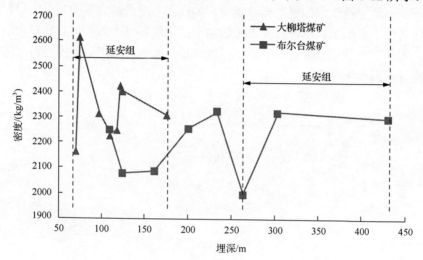

图 6-10　各煤矿细粒砂岩密度对比

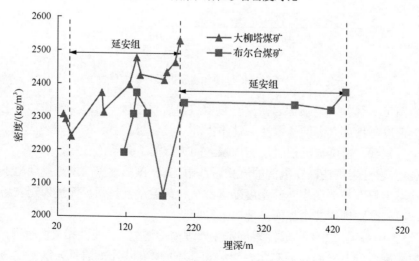

图 6-11　各煤矿粉砂岩密度对比

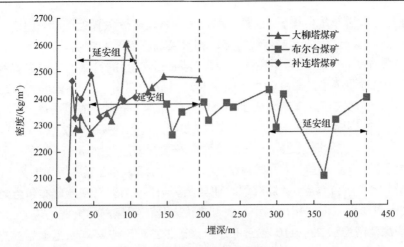

图 6-12　各煤矿砂质泥岩密度对比

由前面的分析可知，因为细粒砂岩在补连塔煤矿的发育层数较少，无法体现统计规律，所以只将大柳塔煤矿和布尔台煤矿的细粒砂岩绘制在一张图上进行对比分析。

由图 6-10 可以看出：①整体来看，大柳塔煤矿细粒砂岩密度大于布尔台煤矿细粒砂岩密度；②从同一沉积时期来看，以延安组为例，除了大柳塔煤矿在埋深为 75.52m 时密度（2615kg/m³）过大外，其余密度较为接近；③从同一埋深对比来看（埋深 109.32～175.62m），大柳塔煤矿细粒砂岩密度大于布尔台煤矿细粒砂岩密度。

由图 6-11 可以看出：①整体来看，大柳塔煤矿粉砂岩密度大于布尔台煤矿粉砂岩密度；②从同一沉积时期来看，以延安组为例，大柳塔煤矿粉砂岩密度大于布尔台煤矿粉砂岩密度；③从同一埋深对比来看（埋深 116.72～203.22m），大柳塔煤矿粉砂岩密度明显大于布尔台煤矿粉砂岩密度。

由图 6-12 可以看出：①整体来看，除了大柳塔煤矿埋深为 93.61m 时的砂质泥岩密度（2606kg/m³）过大外，大柳塔煤矿和补连塔煤矿砂质泥岩密度大于布尔台煤矿砂质泥岩密度。②从同一沉积时期来看，以延安组为例，大柳塔煤矿和补连塔煤矿砂质泥岩密度大于布尔台煤矿砂质泥岩密度。③从同一埋深对比来看，在埋深为144.75～199.32m 时，大柳塔煤矿砂质泥岩密度明显大于布尔台煤矿砂质泥岩密度；在埋深为24.35～91.90m 时，补连塔煤矿砂质泥岩密度大于大柳塔煤矿砂质泥岩密度。

总体来说，可以发现（下面每节中的其他物理力学参数都有同样的原因，不再赘述）如下规律。

(1) 各煤矿同一岩性岩层在同一埋深的密度有较大差异，沉积时期越早，密度越大。根本原因在于各煤矿的岩层所处的沉积时期不同，随着地层沉积时间越早，岩石受到的应力场作用越大，密度相对来说越大。以图 6-12 为例，在同一埋深条件下，大柳塔煤矿和布尔台煤矿在埋深为144.75～199.32m 时，大柳塔煤矿砂质泥岩密度明显大于布尔台煤矿，主要是因为大柳塔煤矿该位置处于延安组沉积时期，而布尔台煤矿该位置处于安定组岩层，相对来说沉积时期较晚。

(2)各煤矿同一岩性岩层在同一成煤时期(延安组)的密度也有一定的差异，同样地，沉积时期越早，密度越大。以图6-12为例，图中把3个煤矿的延安组都进行了对比，但延安组成煤期分成了4个时段，目前3个煤矿的主采煤层(补连塔煤矿1-2煤、2-2煤，大柳塔煤矿2-2煤、5-2煤，布尔台煤矿2-2煤、4-2煤)除了2-2煤属于同一沉积时段之外，其余的煤层及顶板岩层分别属于不同的沉积时段，所以密度也有一定的差异，如试验钻孔中，大柳塔煤矿4-2煤底板埋深为110.86~197.82m，比布尔台煤矿4-2煤沉积时期早，该地段中的岩石密度比布尔台煤矿4-2煤要高；而如果取近似相同的地层，则密度差异不明显，如大柳塔煤矿3-2煤—4-2煤埋深范围为67.23~110.25m，布尔台煤矿2-2煤至4-2煤埋深范围为363.07m~419.73m，这个埋深范围内两煤矿的密度差异值不大，较为接近。

(3)对于个别岩层密度特殊的情况，除了要从沉积时期的角度去考虑外，还应该进一步去研究其所处的沉积环境，以及该矿井在当时的沉积位置，如补连塔2-2煤沉积时属于河流相沉积环境，该矿井当时处于河流的边缘还是河中心对岩石密度都有较大影响。

6.2　岩石抗压强度随埋深变化特征

6.2.1　大柳塔煤矿岩石抗压强度随埋深变化特征分析

大柳塔煤矿不同岩性岩石抗压强度随埋深变化特征如图6-13~图6-15所示，其随埋深变化的线性拟合方程见表6-2。

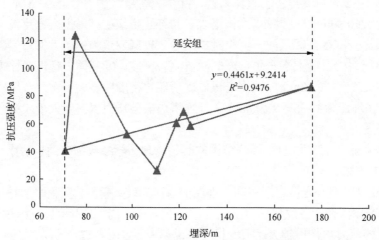

图6-13　大柳塔煤矿细粒砂岩抗压强度随埋深变化特征

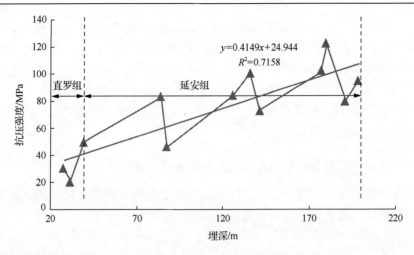

图 6-14　大柳塔煤矿粉砂岩抗压强度随埋深变化特征

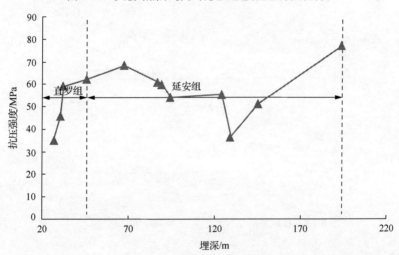

图 6-15　大柳塔煤矿砂质泥岩抗压强度随埋深变化特征

表 6-2　大柳塔煤矿岩石抗压强度随埋深变化的线性拟合方程

序号	岩性	随埋深变化规律(拟合方程)	相关系数 R^2
1	细粒砂岩	$y=0.4461x+9.2414$	0.9476
2	粉砂岩	$y=0.4149x+24.944$	0.7158

由图 6-13 可知，细粒砂岩在沉积过程中抗压强度存在部分异常值。例如，埋深为 75.52m 时，细粒砂岩抗压强度为 124.292MPa；埋深为 110.25m 时，细粒砂岩抗压强度为 26.2MPa。将异常点抗压强度值去除后，其拟合后的相关系数为 0.9476，其抗压强度与埋深具有很强的线性相关性。

由图 6-14 可知，粉砂岩在沉积过程中抗压强度随埋深的增加，整体呈现出波浪增加的趋势，抗压强度由直罗组的 20.55MPa（埋深为 31.62m）增加至延安组的 121.925MPa（埋深为 179.33m），其线性拟合后的相关系数为 0.7158，其抗压强度与埋深具有较好的线性相关性。

由图 6-15 可知，砂质泥岩在沉积过程中抗压强度与埋深的关系不明显，抗压强度与埋深之间的函数相关性不大。

6.2.2　布尔台煤矿岩石抗压强度随埋深变化特征分析

布尔台煤矿不同岩性岩石抗压强度随埋深变化特征如图 6-16～图 6-20 所示，其随埋深变化的线性拟合方程见表 6-3。

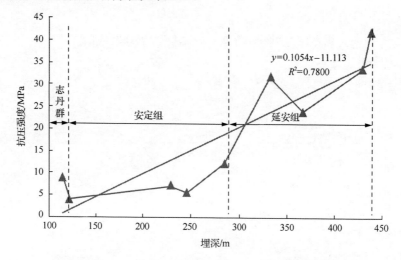

图 6-16　布尔台煤矿粗粒砂岩抗压强度随埋深变化特征

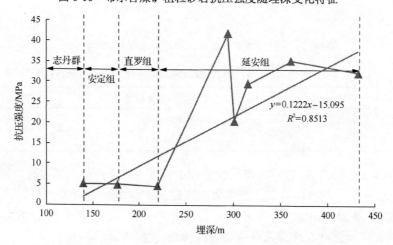

图 6-17　布尔台煤矿中粒砂岩抗压强度随埋深变化特征

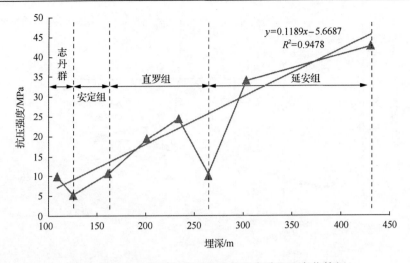

图 6-18　布尔台煤矿细粒砂岩抗压强度随埋深变化特征

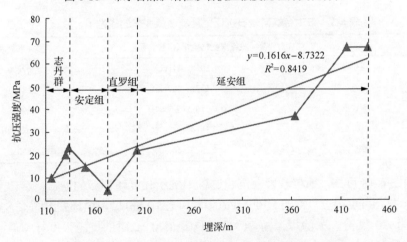

图 6-19　布尔台煤矿粉砂岩抗压强度随埋深变化特征

由图 6-16 可知，粗粒砂岩在沉积过程中抗压强度随埋深的增加，整体上呈增加趋势，抗压强度由志丹群的 4.069MPa（埋深为 121.22m）增加至延安组的 41.943MPa（埋深为 437.62m），其线性拟合后的相关系数为 0.7800，其抗压强度与埋深具有较好的线性相关性。

由图 6-17 可知，中粒砂岩在沉积过程中抗压强度随埋深的增加，在志丹群—直罗组呈现略微下降趋势，在延安组整体上呈增加趋势，抗压强度由直罗组的 5MPa（埋深为 177.27m）增加至延安组的 32.3MPa（埋深为 432.02m），去除埋深为 293.82m（抗压强度 41.86MPa）时的抗压强度异常值，361.44m 对应的抗压强度不属于异常值范畴，是正常的波动，中粒砂岩抗压强度与埋深之间整体线性拟合后的相关系数为 0.8513，其抗压强度与埋深之间具有较好的线性相关性。

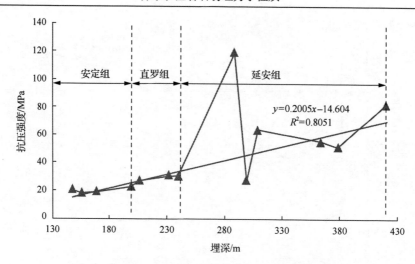

图 6-20　布尔台煤矿砂质泥岩抗压强度随埋深变化特征

表 6-3　布尔台煤矿岩石抗压强度随埋深变化的线性拟合方程

序号	岩性	随埋深变化规律(拟合方程)	相关系数 R^2
1	粗粒砂岩	$y=0.1054x-11.113$	0.7800
2	中粒砂岩	$y=0.1222x-15.095$	0.8513
3	细粒砂岩	$y=0.1189x-5.6687$	0.9478
4	粉砂岩	$y=0.1616x-8.7322$	0.8419
5	砂质泥岩	$y=0.2005x-14.604$	0.8051

　　由图 6-18 可知,细粒砂岩在沉积过程中抗压强度随埋深的增加,整体上呈增加趋势,抗压强度由志丹群的 5.109MPa(埋深为 125.22m)增加至延安组的 42.833MPa(埋深为 430.42m),去除埋深为 263.52m(10.133MPa)时的抗压强度异常值,其线性拟合后的相关系数为 0.9478,其抗压强度与埋深之间具有很强的线性相关性。

　　由图 6-19 可知,粉砂岩在沉积过程中抗压强度随埋深的增加,整体上呈增加趋势,抗压强度由安定组的 4.365MPa(埋深为 173.92m)增加至延安组的 66.794MPa(埋深为 415.42m),其线性拟合后的相关系数为 0.8419,其抗压强度与埋深之间具有较好的线性相关性。

　　由图 6-20 可知,砂质泥岩在沉积过程中抗压强度随埋深的增加,整体上呈增加趋势,抗压强度由安定组的 18.329MPa(埋深为 155.92m)增加至延安组的 81.646MPa(埋深为 419.73m),去除埋深为 288.62m(抗压强度 119.651MPa)时的抗压强度异常值,其线性拟合后的相关系数为 0.8051,其抗压强度与埋深之间具有较好的线性相关性。

6.2.3　补连塔煤矿岩石抗压强度随埋深变化特征分析

补连塔煤矿砂质泥岩抗压强度随埋深变化特征如图 6-21 所示。

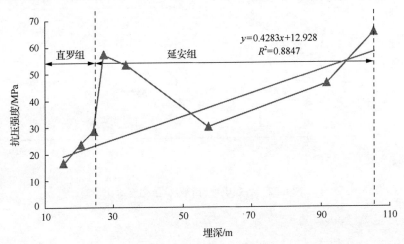

图 6-21　补连塔煤矿砂质泥岩抗压强度随埋深变化特征

由图 6-21 可知，砂质泥岩在沉积过程中抗压强度随埋深的增加，整体上呈增加趋势，抗压强度由直罗组的 17.09MPa（埋深为 15.5m）增加至延安组的 65.59MPa（埋深为 105.4m），去除埋深为 27.34m（抗压强度 57.56MPa）和 33.63m（抗压强度 53.39MPa）时的抗压强度异常值，其线性拟合后的相关系数为 0.8847，其抗压强度与埋深之间的线性相关性较好。

6.2.4　3 个煤矿不同岩性岩石抗压强度对比分析

为了进一步分析各煤矿不同埋深及沉积时期抗压强度的变化，将 3 个煤矿同一岩性的抗压强度变化与埋深关系绘制在一张图上，如图 6-22～图 6-24 所示。

由图 6-22 可以看出：①整体来看，大柳塔煤矿细粒砂岩抗压强度明显大于布尔台煤矿细粒砂岩抗压强度；②从同一沉积时期来看，以延安组为例，大柳塔煤矿细粒砂岩抗压强度明显大于布尔台煤矿细粒砂岩抗压强度；③从同一埋深对比来看（埋深为 109.32～175.62m），大柳塔煤矿细粒砂岩抗压强度大于布尔台煤矿细粒砂岩抗压强度。

由图 6-23 可以看出：①整体来看，大柳塔煤矿粉砂岩抗压强度明显大于布尔台煤矿粉砂岩抗压强度；②从同一沉积时期来看，以延安组为例，大柳塔煤矿粉砂岩抗压强度明显大于布尔台煤矿粉砂岩抗压强度；③从同一埋深对比来看（埋深为 109.32～175.62m），大柳塔煤矿粉砂岩抗压强度大于布尔台煤矿粉砂岩抗压强度。

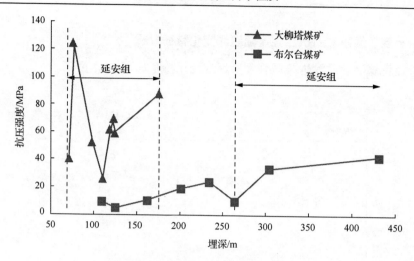

图 6-22　各煤矿细粒砂岩抗压强度对比

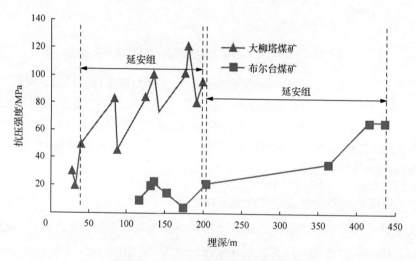

图 6-23　各煤矿粉砂岩抗压强度对比

由图 6-24 可以看出：①整体来看，除了布尔台煤矿埋深为 288.62m 时的砂质泥岩抗压强度（119.651MPa）过大外，3 个煤矿的砂质泥岩抗压强度变化相近；②从同一沉积时期来看，以延安组为例，大柳塔煤矿砂质泥岩抗压强度最大，布尔台煤矿和补连塔煤矿砂质泥岩抗压强度变化较为接近；③从同一埋深对比来看，在埋深为 144.75～199.32m 时，大柳塔煤矿砂质泥岩抗压强度明显大于布尔台煤矿砂质泥岩抗压强度；在埋深为 24.35～91.90m 时，大柳塔煤矿砂质泥岩抗压强度整体大于补连塔煤矿砂质泥岩抗压强度。

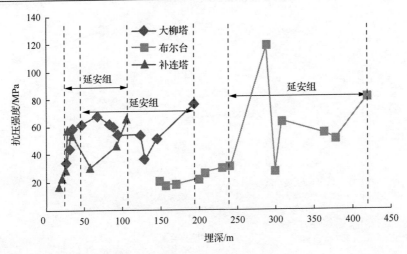

图 6-24　各煤矿砂质泥岩抗压强度对比

6.2.5　抗压强度分布与岩性关系分析

为了进一步了解各矿井不同岩性抗压强度的大小分布规律，分别将各矿井不同岩性的抗压强度绘制成图，进行比较，如图 6-25～图 6-27 所示。图 6-25～图 6-27 中横坐标用数字代替了岩性，其具体含义详见图中图注，纵坐标分别为试验钻孔中对应岩性抗压强度的最大值、最小值和平均值。

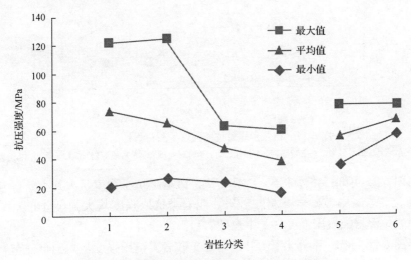

图 6-25　大柳塔煤矿抗压强度分布与岩性的关系

1-粉砂岩；2-细粒砂岩；3-中粒砂岩；4-粗粒砂岩；5-砂质泥岩；6-泥岩

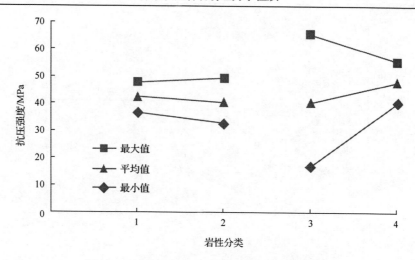

图 6-26　补连塔煤矿抗压强度分布与岩性的关系

1-细粒砂岩；2-中粒砂岩；3-砂质泥岩；4-泥岩

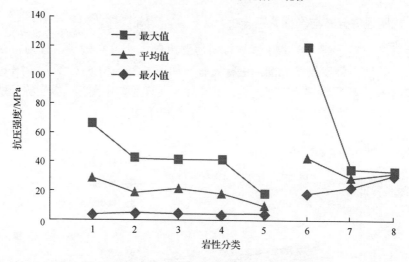

图 6-27　布尔台煤矿抗压强度分布与岩性的关系

1-粉砂岩；2-细粒砂岩；3-中粒砂岩；4-粗粒砂岩；5-含砾粗砂岩；6-砂质泥岩；7-黏土页岩；8-泥岩

由图 6-25 可知：整体来看，大柳塔煤矿砂岩类抗压强度从大到小分布为粉砂岩＞细粒砂岩＞中粒砂岩＞粗粒砂岩，泥岩类抗压强度从大到小分布为泥岩＞砂质泥岩，泥岩类抗压强度大于中粒砂岩和粗粒砂岩。

由图 6-26 可知：整体来看，补连塔煤矿砂岩类抗压强度从大到小分布为细粒砂岩＞中粒砂岩，泥岩类抗压强度从大到小分布为泥岩＞砂质泥岩，泥岩类的抗压强度大于砂岩类。

由图 6-27 可知：整体来看，布尔台煤矿砂岩类抗压强度从大到小分布为粉砂岩＞细粒砂岩≈中粒砂岩＞粗粒砂岩＞含砾粗砂岩，泥岩类抗压强度从大到小分布为砂质泥岩＞泥岩＞黏土页岩，泥岩类抗压强度大于粗粒砂岩和含砾粗砂岩。

6.3 岩石抗拉强度随埋深变化特征

6.3.1 大柳塔煤矿岩石抗拉强度随埋深变化特征分析

大柳塔煤矿不同岩性岩石抗拉强度随埋深变化特征如图 6-28～图 6-30 所示，其随埋深变化的线性拟合方程见表 6-4。

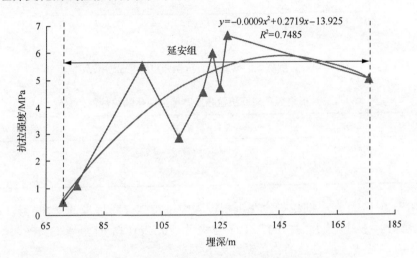

图 6-28 大柳塔煤矿细粒砂岩抗拉强度随埋深变化特征

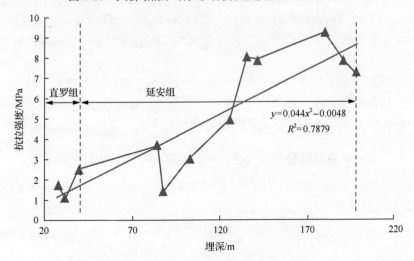

图 6-29 大柳塔煤矿粉砂岩抗拉强度随埋深变化特征

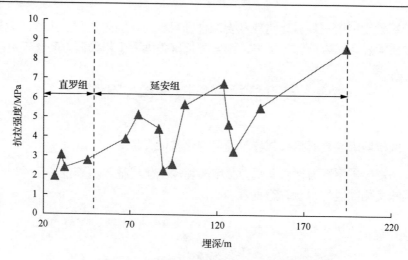

图 6-30　大柳塔煤矿砂质泥岩抗拉强度随埋深变化特征

表 6-4　大柳塔煤矿岩石抗拉强度随埋深变化的线性拟合方程

序号	岩性	随埋深变化规律(拟合方程)	相关系数 R^2
1	细粒砂岩	$y=-0.0009x^2+0.2719x-13.925$	0.7485
2	粉砂岩	$y=0.044x-0.0048$	0.7879

　　由图 6-28 可知：细粒砂岩在沉积过程中抗拉强度随埋深的增加，整体上呈增加趋势，抗拉强度由 0.47MPa（埋深为 70.72m）增加至 6.63MPa（埋深为 126.95m），其线性拟合后的相关系数为 0.7485。

　　由图 6-29 可知：粉砂岩在沉积过程中抗拉强度随埋深的增加，整体上呈增加趋势，抗拉强度由直罗组的 1.14MPa（埋深为 31.62m）增加至 9.26MPa（埋深为 179.33m），其线性拟合后的相关系数为 0.7879，其抗拉强度与埋深的线性相关性较好。

　　由图 6-30 可知：砂质泥岩在沉积过程中抗拉强度随埋深的增加，整体上呈增加趋势，抗拉强度由直罗组的 1.98MPa（埋深为 26.50m）增加至 8.58MPa（埋深为 193.42m），但抗拉强度与埋深之间的函数相关性不大。

6.3.2　布尔台煤矿岩石抗拉强度随埋深变化特征分析

　　布尔台煤矿不同岩性岩石抗拉强度随埋深变化规律如图 6-31～图 6-35 所示，其随埋深变化的线性拟合方程见表 6-5。

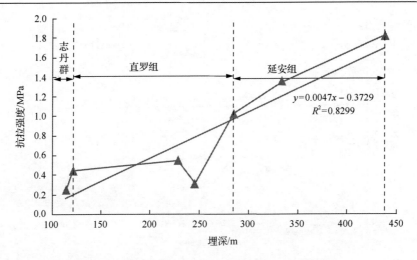

图 6-31　布尔台煤矿粗砂岩抗拉强度随埋深变化特征

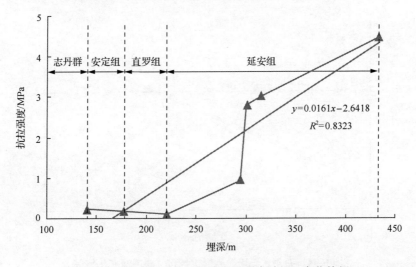

图 6-32　布尔台煤矿中粒砂岩抗拉强度随埋深变化特征

由图 6-31 可知：粗粒砂岩在沉积过程中抗拉强度随埋深的增加，整体上呈增加趋势，抗拉强度由志丹群的 0.25MPa（埋深为 114.12m）增加至延安组的 1.82MPa（埋深为 437.62m），其线性拟合后的相关系数为 0.8299，其抗拉强度与埋深之间的线性相关性较好。

由图 6-32 可知：中粒砂岩在沉积过程中抗拉强度随埋深的增加，在志丹群—直罗组中呈现略微下降趋势，抗拉强度由志丹群的 0.23MPa（埋深为 140.5m）降低至直罗组的 0.13MPa（埋深为 219.82m）；在延安组整体上呈增加趋势，最大值为 4.45MPa（埋深为432.02m），其线性拟合后的相关系数为 0.8323，其抗拉强度与埋深之间的线性相关性较好。

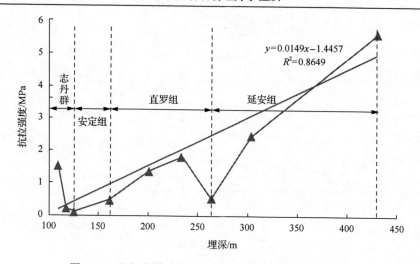

图 6-33　布尔台煤矿细粒砂岩抗拉强度随埋深变化特征

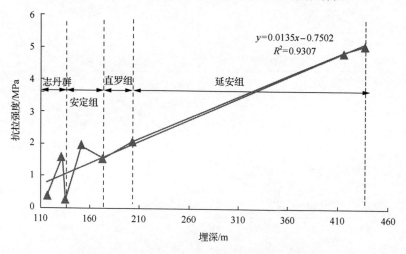

图 6-34　布尔台煤矿粉砂岩抗拉强度随埋深变化特征

　　由图 6-33 可知：细粒砂岩在沉积过程中抗拉强度随埋深的增加，整体上呈增加趋势，去除埋深为263.52m（抗拉强度 0.53MPa）时的抗拉强度异常值，抗拉强度由志丹群的 0.1MPa（埋深为125.22m）增加至延安组的 5.61MPa（埋深为 430.42m），其线性拟合后的相关系数为 0.8649，其抗拉强度与埋深之间的线性相关性较好。

　　由图 6-34 可知：粉砂岩在沉积过程中抗拉强度随埋深的增加，整体上呈增加趋势，抗拉强度由志丹群的 0.29MPa（埋深为 135.2m）增加至延安组的 5.07MPa（埋深为 436.8m），其线性拟合后的相关系数为 0.9307，其抗拉强度与埋深之间具有很强的线性相关性。

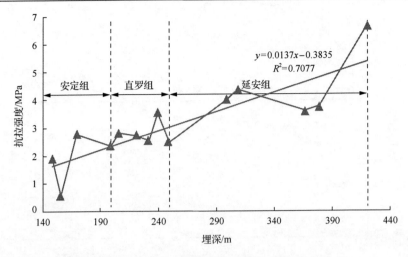

图 6-35 布尔台煤矿砂质泥岩抗拉强度随埋深变化特征

表 6-5 布尔台煤矿岩石抗拉强度随埋深变化的线性拟合方程

序号	岩性	随埋深变化规律(拟合方程)	相关系数 R^2
1	粗粒砂岩	$y=0.0047x-0.3729$	0.8299
2	中粒砂岩	$y=0.0161x-2.6418$	0.8323
3	细粒砂岩	$y=0.0149x-1.4457$	0.8649
4	粉砂岩	$y=0.0135x-0.7502$	0.9307
5	砂质泥岩	$y=0.0137x-0.3835$	0.7077

由图 6-35 可知：砂质泥岩在沉积过程中抗拉强度随埋深的增加，整体上呈增加趋势，抗拉强度由安定组的 0.55MPa(埋深为 155.92m)增加至延安组的 6.66MPa (埋深为419.73m)，其线性拟合后的相关系数为 0.7077，其抗拉强度与埋深之间的线性相关性较好。

6.3.3 补连塔煤矿岩石抗拉强度随埋深变化特征分析

补连塔煤矿砂质泥岩抗拉强度随埋深变化特征如图 6-36 所示。

由图 6-36 可知：砂质泥岩在沉积过程中抗拉强度随埋深的增加，整体上呈增加趋势，抗拉强度由直罗组的 1.30MPa(埋深为 15.5m)增加至延安组的 6.49MPa (埋深为 91.9m)，其线性拟合后的相关系数为 0.7598，其抗拉强度与埋深之间的线性相关性较好。

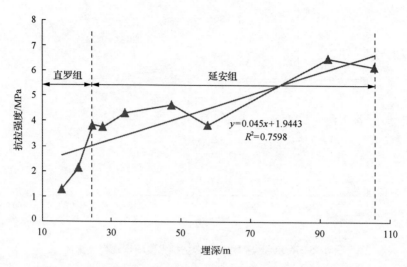

图 6-36　补连塔煤矿砂质泥岩抗拉强度随埋深变化特征

6.3.4　3 个煤矿不同岩性抗拉强度对比分析

为了进一步分析各煤矿不同埋深及沉积时期抗拉强度的变化，将 3 个煤矿同一岩性抗拉强度变化与埋深关系绘制至一张图上，如图 6-37～图 6-39 所示。

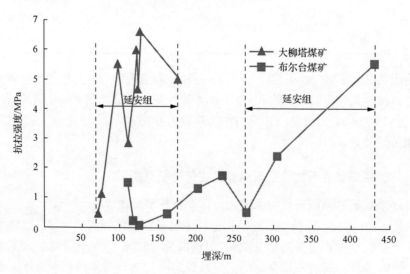

图 6-37　各煤矿细粒砂岩抗拉强度对比

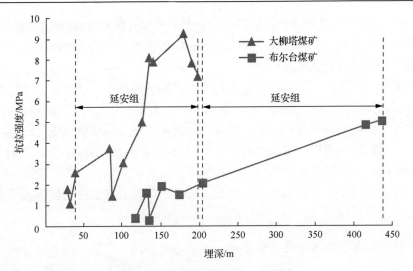

图 6-38　各煤矿粉砂岩抗拉强度对比

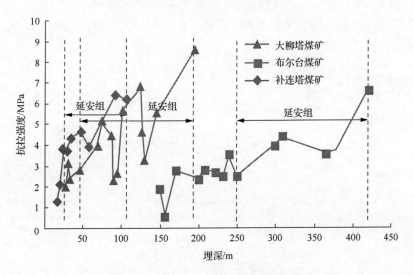

图 6-39　各煤矿砂质泥岩抗拉强度对比

由图 6-37 可以看出：①整体来看，大柳塔煤矿细粒砂岩抗拉强度明显大于布尔台煤矿细粒砂岩抗拉强度；②从同一沉积时期来看，以延安组为例，大柳塔煤矿细粒砂岩抗拉强度明显大于布尔台煤矿细粒砂岩抗拉强度；③从同一埋深对比来看(埋深为 109.32～175.62m)，大柳塔煤矿细粒砂岩抗拉强度大于布尔台煤矿细粒砂岩抗拉强度。

由图 6-38 可以看出：①整体来看，大柳塔煤矿粉砂岩抗拉强度明显大于布尔台煤矿粉砂岩抗拉强度；②从同一沉积时期来看，以延安组为例，大柳塔煤矿埋深超过 125.4m 后，其粉砂岩抗拉强度明显大于布尔台煤矿粉砂岩抗拉强度；③从同一埋深对比来看(埋深为 109.32～175.62m)，大柳塔煤矿粉砂岩抗拉强度大于布尔台煤矿粉砂岩抗拉强度。

由图 6-39 可知：①整体来看，大柳塔煤矿和补连塔煤矿砂质泥岩抗拉强度整体分布较为接近，而布尔台煤矿砂质泥岩抗拉强度最小。②从同一沉积时期来看，以延安组为例，大柳塔煤矿和补连塔煤矿砂质泥岩抗拉强度整体变化较为接近，而布尔台煤矿砂质泥岩抗拉强度最小。③从同一埋深对比来看，在埋深为 144.75～199.32m 时，大柳塔煤矿砂质泥岩抗拉强度明显大于布尔台煤矿砂质泥岩抗拉强度；在埋深为 24.35～91.90m 时，补连塔煤矿砂质泥岩抗拉强度整体大于大柳塔煤矿砂质泥岩抗拉强度。

6.3.5　抗拉强度分布与岩性关系分析

为了进一步了解各矿井不同岩性抗拉强度的大小分布规律，分别将各矿井不同岩性抗拉强度绘制成图，进行比较，如图 6-40～图 6-42 所示。图中横坐标用数字代替了岩性，其具体含义详见图中图注，纵坐标分别为试验钻孔中对应岩性抗拉强度的最大值、最小值、平均值。

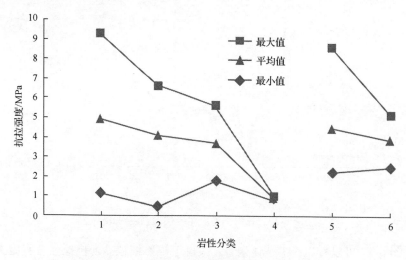

图 6-40　大柳塔煤矿抗拉强度分布与岩性的关系

1-粉砂岩；2-细粒砂岩；3-中粒砂岩；4-粗粒砂岩；5-砂质泥岩；6-泥岩

由图 6-40 可知：整体来看，大柳塔煤矿砂岩类抗拉强度从大到小分布为粉砂岩＞细粒砂岩＞中粒砂岩＞粗粒砂岩，泥岩类抗拉强度从大到小分布为砂质泥岩＞泥岩，泥岩类抗拉强度大于中粒砂岩和粗粒砂岩。

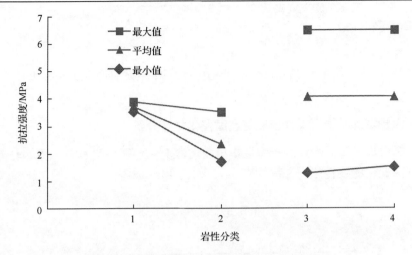

图 6-41　补连塔煤矿抗拉强度分布与岩性的关系

1-细粒砂岩；2-中粒砂岩；3-砂质泥岩；4-泥岩

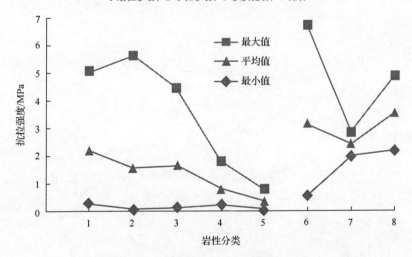

图 6-42　布尔台煤矿抗拉强度分布与岩性的关系

1-粉砂岩；2-细粒砂岩；3-中粒砂岩；4-粗粒砂岩；5-含砾粗砂岩；6-砂质泥岩；7-黏土页岩；8-泥岩

　　由图 6-41 可知：整体来看，补连塔煤矿砂岩类抗拉强度从大到小分布为细粒砂岩＞中粒砂岩，泥岩类抗拉强度从大到小分布为砂质泥岩≈泥岩。图 6-41 中细粒砂岩和中粒砂岩在地层中分布太少，主要以砂质泥岩和泥岩为主，所以在沉积早期，泥岩类抗拉强度最小值低于砂岩类抗拉强度最小值，但整体规律仍为泥岩类抗拉强度大于细粒砂岩和中粒砂岩抗拉强度。

　　由图 6-42 可知：整体来看，布尔台煤矿砂岩类抗拉强度从大到小分布为粉砂岩＞细粒砂岩（存在 1 个高异常值）≈中粒砂岩＞粗粒砂岩＞含砾粗砂岩，泥岩类抗拉强度从大到小分布为泥岩＞砂质泥岩＞黏土页岩，泥岩类抗拉强度大于粗粒砂岩和含砾粗砂岩。

6.4 岩石弹性模量随埋深变化特征

6.4.1 大柳塔煤矿岩石弹性模量随埋深变化特征分析

大柳塔煤矿不同岩性岩石弹性模量随埋深变化特征如图 6-43～图 6-45 所示，其随埋深变化的线性拟合方程见表 6-6。

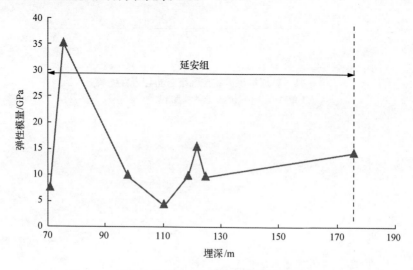

图 6-43 大柳塔煤矿细粒砂岩弹性模量随埋深变化特征

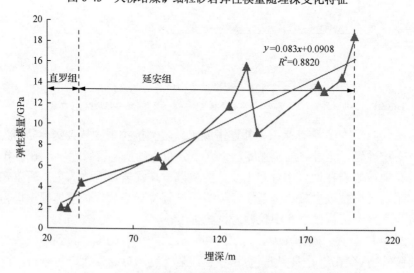

图 6-44 大柳塔煤矿粉砂岩弹性模量随埋深变化特征

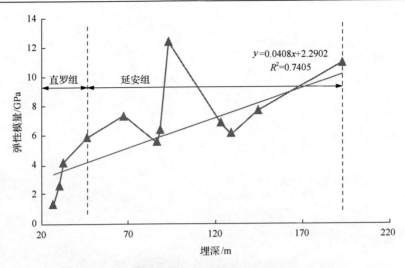

图 6-45　大柳塔煤矿砂质泥岩弹性模量随埋深变化特征

表 6-6　大柳塔煤矿岩石弹性模量随埋深变化的线性拟合方程

序号	岩性	随埋深变化规律(拟合方程)	相关系数 R^2
1	粉砂岩	$y=0.083x+0.0908$	0.8820
2	砂质泥岩	$y=0.0408x+2.2902$	0.7405

　　由图 6-43 可知：细粒砂岩在沉积过程中弹性模量随埋深的增加，整体上呈缓慢增加趋势，去除埋深为 75.52m(弹性模量为 35.308GPa)和埋深为 110.25m(弹性模量为 4.19GPa)两处异常值，弹性模量由 7.749GPa(埋深为 70.72m)增加至 14.11GPa(埋深 175.62m)，但弹性模量与埋深之间的函数相关性不大。

　　由图 6-44 可知：粉砂岩在沉积过程中弹性模量随埋深的增加，整体上呈增加趋势，弹性模量由直罗组的 1.915GPa(埋深为 31.62m)增加至延安组的 18.533Gpa(埋深为 197.82m)，其线性拟合后的相关系数为 0.8820，其弹性模量与埋深之间的线性相关性较好。

　　由图 6-45 可知：砂质泥岩在沉积过程中弹性模量随埋深的增加，整体上呈增加趋势，去除埋深为 93.61m(弹性模量为 12.431GPa)时弹性模量的异常值，弹性模量由直罗组的 1.34GPa(埋深为 26.50m)增加至延安组的 10.991GPa(埋深为 193.42m)，其线性拟合后的相关系数为 0.7405，其弹性模量与埋深之间的线性相关性较好。

6.4.2　布尔台煤矿岩石弹性模量随埋深变化特征分析

　　布尔台煤矿不同岩性岩石弹性模量随埋深变化特征如图 6-46～图 6-50 所示，其随埋深变化的线性拟合方程见表 6-7。

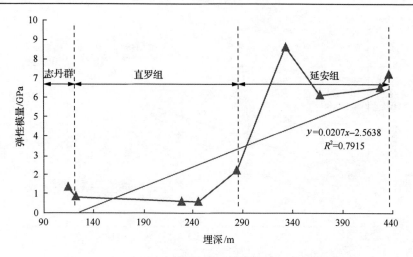

图 6-46　布尔台煤矿粗粒砂岩弹性模量随埋深变化特征

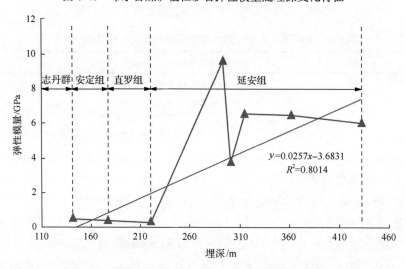

图 6-47　布尔台煤矿中粒砂岩弹性模量随埋深变化特征

由图 6-46 可知：粗粒砂岩在沉积过程中弹性模量随埋深的增加，整体上呈增加趋势，去除埋深为 332.52m（弹性模量为 8.708GPa）时弹性模量的异常值，弹性模量由志丹群的 0.849GPa（埋深为 121.22m）增加至 7.238GPa（埋深为 437.62m），其线性拟合后的相关系数为 0.7915，其弹性模量与埋深之间的线性相关性较好。

由图 6-47 可知：中粒砂岩在沉积过程中弹性模量随埋深的增加，整体上呈增加趋势，去除埋深为 293.82m（弹性模量为 9.674GPa）时弹性模量的异常值，弹性模量由志丹群的 0.517GPa（埋深为 140.5m）增加至延安组的 6.079GPa（埋深为 432.02m），其线性拟合后的相关系数为 0.8014，其弹性模量与埋深之间的线性相关性较好。

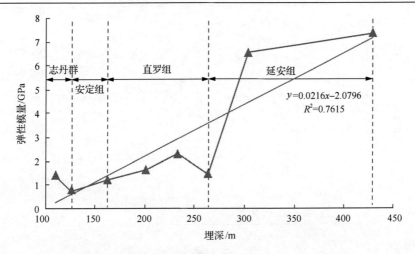

图 6-48　布尔台煤矿细粒砂岩弹性模量随埋深变化特征

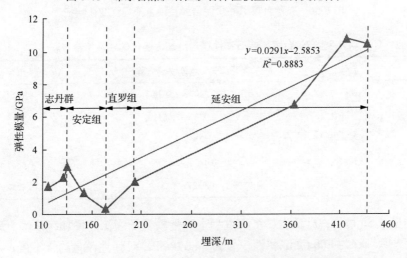

图 6-49　布尔台煤矿粉砂岩弹性模量随埋深变化特征

由图 6-48 可知：细粒砂岩在沉积过程中弹性模量随埋深的增加，整体上呈增加趋势，弹性模量由志丹群的 0.748GPa（埋深为 125.22m）增加至 7.393GPa（埋深为 432.42m），其线性拟合后的相关系数为 0.7615，其弹性模量与埋深之间的线性相关性较好。

由图 6-49 可知：粉砂岩在沉积过程中弹性模量随埋深的增加，整体上呈增加趋势，弹性模量由安定组的 0.302GPa（埋深为 173.92m）增加至延安组的 10.851Gpa（埋深为 415.42m），其线性拟合后的相关系数为 0.8883，其弹性模量与埋深之间的线性相关性较好。

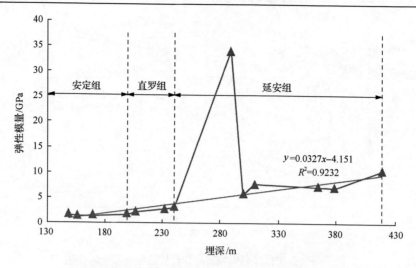

图 6-50　布尔台煤矿砂质泥岩弹性模量随埋深变化特征

表 6-7　布尔台煤矿岩石弹性模量随埋深变化的线性拟合方程

序号	岩性	随埋深变化规律(拟合方程)	相关系数 R^2
1	粗粒砂岩	$y=0.0207x-2.5638$	0.7915
2	中粒砂岩	$y=0.0257x-3.6831$	0.8014
3	细粒砂岩	$y=0.0216x-2.0796$	0.7615
4	粉砂岩	$y=0.0291x-2.5853$	0.8883
5	砂质泥岩	$y=0.0327x-4.151$	0.9232

　　由图 6-50 可知：砂质岩在沉积过程中弹性模量随埋深的增加，整体上呈增加趋势，去除埋深为 288.62m(弹性模量为 34.378GPa)时弹性模量的异常值，弹性模量由安定组的 1.254GPa(埋深为 155.92m)增加至延安组的 10.559GPa(埋深为 419.73m)，其线性拟合后的相关系数为 0.9232，其弹性模量与埋深之间具有很强的线性相关性。

6.4.3　补连塔煤矿岩石弹性模量随埋深变化特征分析

　　补连塔煤矿砂质泥岩弹性模量随埋深变化特征如图 6-51 所示。由图 6-51 可知，砂质泥岩在沉积过程中弹性模量随埋深的增加，整体上呈增加趋势，弹性模量由直罗组的 1.683GPa(埋深为 15.5m)增加至延安组的 10.829GPa(埋深为 105.4m)，但弹性模量与埋深之间的线性相关性不大。

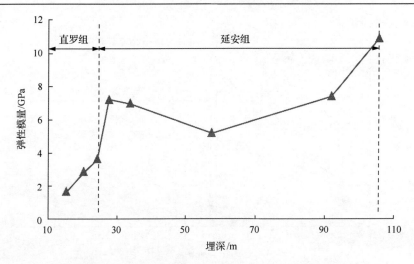

图 6-51　补连塔煤矿砂质泥岩弹性模量随埋深变化特征

6.4.4　3 个煤矿不同岩性弹性模量对比分析

为了进一步分析各煤矿不同深度及沉积时期弹性模量的变化，将 3 个煤矿同一岩性弹性模量变化与埋深之间的关系绘制至一张图上，如图 6-52～图 6-54 所示。

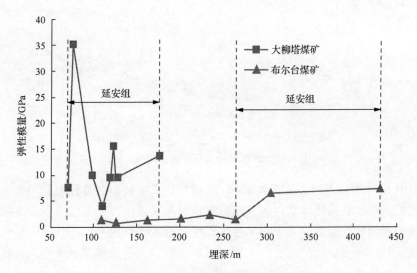

图 6-52　各煤矿细粒砂岩弹性模量对比

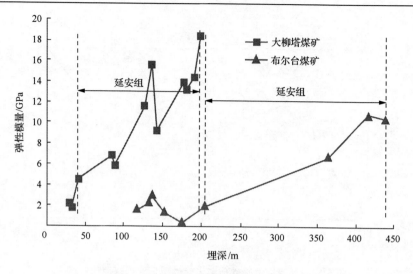

图 6-53　各煤矿粉砂岩弹性模量对比

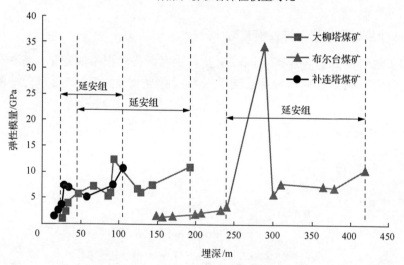

图 6-54　各煤矿砂质泥岩弹性模量对比

由图 6-52 可以看出：①整体来看，大柳塔煤矿细粒砂岩弹性模量明显大于布尔台煤矿细粒砂岩弹性模量；②从同一沉积时期来看，以延安组为例，大柳塔煤矿细粒砂岩弹性模量明显大于布尔台煤矿细粒砂岩弹性模量；③从同一埋深对比来看(埋深为 109.32～175.62m)，大柳塔煤矿细粒砂岩弹性模量大于布尔台煤矿细粒砂岩弹性模量。

由图 6-53 可以看出：①整体来看，大柳塔煤矿粉砂岩弹性模量明显大于布尔台煤矿粉砂岩弹性模量；②从同一沉积时期来看，以延安组为例，大柳塔煤矿埋深超过 125.4m 后，其粉砂岩弹性模量明显大于布尔台煤矿粉砂岩弹性模量；③从同一埋深对比来看(埋深为 109.32~175.62m)，大柳塔煤矿粉砂岩弹性模量大于布尔台煤矿粉砂岩弹性模量。

由图 6-54 可以看出：①整体来看，除了布尔台煤矿埋深为 288.62m 时弹性模量值(34.378GPa)异常大之外，3 个煤矿的砂质泥岩弹性模量整体分布较为接近。②从同一沉积时期来看，以延安组为例，除了上述布尔台煤矿弹性模量异常点之外，弹性模量整体分布较为接近。③从同一埋深对比来看，在埋深为 144.75~199.32m 时，大柳塔煤矿砂质泥岩弹性模量明显大于布尔台煤矿砂质泥岩弹性模量；在埋深为 24.35~91.90m 时，大柳塔煤矿和补连塔煤矿弹性模量较为接近。

6.4.5　弹性模量分布与岩性关系分析

为了进一步了解各矿井不同岩性弹性模量的大小分布规律，分别将各矿井不同岩性弹性模量绘制成图，进行比较，如图 6-55~图 6-57 所示。图中横坐标用数字代替岩性，其具体含义详见图中图注，纵坐标分别为试验钻孔中对应岩性弹性模量的最大值、最小值、平均值。

由图 6-55 可知：整体来看，大柳塔煤矿砂岩类弹性模量从大到小分布为细粒砂岩＞粉砂岩＞中粒砂岩＞粗粒砂岩，泥岩类弹性模量从大到小分布为砂质泥岩＞泥岩，泥岩类弹性模量大于粗粒砂岩弹性模量。大柳塔煤矿属于湖泊三角洲沉积环境，细颗粒类岩石发育较多，所以粉砂岩和砂质泥岩在整套地层中发育层数较多，可能对取值有一定的影响。

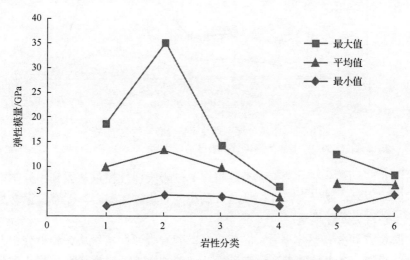

图 6-55　大柳塔煤矿弹性模量分布与岩性的关系

1-粉砂岩；2-细粒砂岩；3-中粒砂岩；4-粗粒砂岩；5-砂质泥岩；6-泥岩

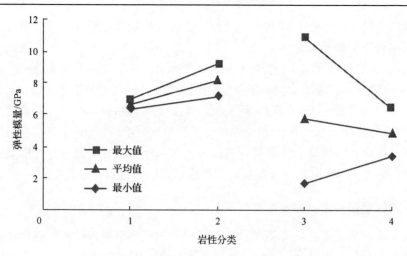

图 6-56　补连塔煤矿弹性模量分布与岩性的关系
1-细粒砂岩；2-中粒砂岩；3-砂质泥岩；4-泥岩

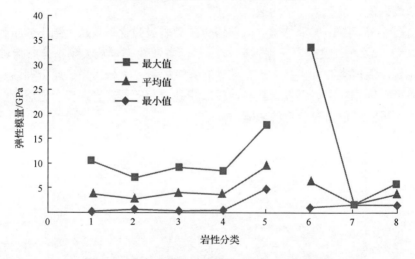

图 6-57　布尔台煤矿弹性模量分布与岩性的关系
1-粉砂岩；2-细粒砂岩；3-中粒砂岩；4-粗粒砂岩；5-含砾粗砂岩；6-砂质泥岩；7-黏土页岩；8-泥岩

由图 6-56 可知：整体来看，补连塔煤矿砂岩类弹性模量从大到小分布为中粒砂岩＞细粒砂岩，泥岩类弹性模量从大到小分布为砂质泥岩＞泥岩，泥岩类弹性模量小于砂岩类弹性模量。

由图 6-57 可知：整体来看，布尔台煤矿砂岩类弹性模量从大到小分布为含砾粗砂岩＞粉砂岩＞中粒砂岩＞粗粒砂岩＞细粒砂岩，泥岩类弹性模量从大到小分布为砂质泥岩＞泥岩＞黏土页岩，砂质泥岩弹性模量大于粉砂岩、细粒砂岩、中粒砂岩和粗粒砂岩。